21 世纪高职高专规划教材

大学计算机应用基础实训指导与测试

主编　魏民　李宏

中国水利水电出版社
www.waterpub.com.cn

内 容 提 要

本书共分 5 章，内容涉及计算机基础知识、Windows XP 操作系统、Word 2003 文字处理、Excel 2003 电子表格、PowerPoint 2003 演示文稿等内容。本书与《大学计算机应用基础》教材配套，同时提供教材相应章的自测题，每个实训包含"实训目的"、"实训内容"、"操作指导"、"思考提高"、"考核方法"、"学习资源"六个方面的内容。

本书对实训的安排十分有特色，不只是讲解实训本身，完成本次实训任务，而且注重实训六个方面的内容。"实训目的"是完成实训应该学会的操作技能；"实训内容"是实训应该完成的内容；"操作指导"是完成本次实训应该具有的知识和一般方法，主要介绍对应教材中没有介绍的内容；"思考提高"模块在完成本次实训内容后，向学生提出更高要求，对本次实训以外的内容进行思考，主要是指操作内容的拓展、操作方法的扩充、操作过程的思考；"考核方法"是内容评定时各项子内容的分数分配，即考核中的成绩评定处理原则；"学习资源"包括使用相关软件时可能遇到问题的原因及实训相关的其他知识等。

本书是《大学计算机应用基础》教材的配套教材，同时又具有独立性，既可作为高职高专学生"大学计算机应用基础"课程的实训指导书，又可作为计算机等级考试的辅导用书。

图书在版编目（ＣＩＰ）数据

大学计算机应用基础实训指导与测试 / 魏民，李宏
主编. -- 北京 ：中国水利水电出版社，2012.8
  21世纪高职高专规划教材
  ISBN 978-7-5170-0004-4

  Ⅰ. ①大… Ⅱ. ①魏… ②李… Ⅲ. ①电子计算机－
高等职业教育－教材 Ⅳ. ①TP3

中国版本图书馆CIP数据核字(2012)第172881号

策划编辑：寇文杰　　　　责任编辑：李 炎　　　　封面设计：李 佳

书　　名	21 世纪高职高专规划教材 **大学计算机应用基础实训指导与测试**
作　　者	主编　魏民　李宏
出版发行	中国水利水电出版社
	（北京市海淀区玉渊潭南路 1 号 D 座　100038）
	网址：www.waterpub.com.cn
	E-mail：mchannel@263.net（万水）
	sales@waterpub.com.cn
	电话：(010) 68367658（发行部）、82562819（万水）
经　　售	北京科水图书销售中心（零售）
	电话：(010) 88383994、63202643、68545874
	全国各地新华书店和相关出版物销售网点
排　　版	北京万水电子信息有限公司
印　　刷	三河市铭浩彩色印装有限公司
规　　格	184mm×260mm　16 开本　9 印张　229 千字
版　　次	2012 年 8 月第 1 版　2013 年 7 月第 2 次印刷
印　　数	3001—5000 册
定　　价	18.00 元

凡购买我社图书，如有缺页、倒页、脱页的，本社发行部负责调换

前　言

大学计算机应用基础是一门实践性很强的课程，以掌握计算机应用能力为根本目标。在教学实践中，理论教学是围绕实训内容展开的，实训环节的设计、组织和实施决定了课程的教学效果。本实训指导在编写过程中遵循了以下编写原则：

（1）内容涵盖高职高专"大学计算机应用基础"课程教学的基本要求，全国计算机等级考试（一级）、计算机操作员职业资格证书考试要求及知识点，同时针对职业岗位能力所需要的知识进行了提升。

（2）强调实训过程的可控制性和可操作性。一般的实训过程是按2学时为一单位进行的，在2学时中要完成要点讲解、练习、考核、小结等环节，因此本书中实训的内容设计是围绕2学时的时间限制进行的。编写教师根据多年的教学经验，精心组织了每一个实训。

（3）体现知识的扩展性。有限的讲授学时和实训学时一般只能完成大纲的基本内容，离工作中的实际要求还有一定的距离。我们在每个实训中增加了"思考提高"这一内容，用来进一步讲解与本实训有关的操作技巧、经验等，为学生自主学习提供了方向，激发学生学习的主动性。这也打破了应试教学的桎梏，体现了以能力为核心的教学理念。

（4）配套性。本实训指导书是与李宏、魏民主编的《大学计算机应用基础》教材的配套教材，其配套性体现在章节顺序一致，便于教学的组织和实施；依据同一教学大纲进行编写，保证了内容的一致性。

（5）成书的独立性。既然是独立成书，必然要具有独立性，即使在离开配套教材的情况下，学生利用本指导书也能获得实训的基本信息，并完成相关实训。

计算机操作、应用能力的培养是本指导书编写的一个主要目的，而指导学生通过全国计算机等级考试一级MS Office是本指导书编写的另一个目的，因此指导书的内容包括三大部分：

（1）实训指导。这是本书的主要内容，按章节组织实训内容，讲解实训目的、实训要求、实训步骤和方法、实训考核方法等。

（2）自测题。这部分内容主要是针对全国计算机等级考试一级MS Office理论题而编写，在此基础上考虑学习内容本身需要的内容。

（3）附录。这部分包含等级考试的模拟试题和真题。

本书由魏民、李宏任主编。袁尚华编写第1章、第2章及相关自测题，魏民编写第3章及相关自测题，李宏编写第4章及相关自测题，罗琼编写第5章，统稿由魏民、李宏完成。感谢在编写过程中提供帮助的刘钊勇、罗在文、李才有、童建中、宁思华、闫孝丽、程明等老师。本书在编写过程中参考了大量的专著和资料，在此向其作者一并致谢。

编者

2012 年 7 月

目　　录

第 1 章　计算机基础知识

实训 1-1　计算机基本操作

一、实训目的

1. 学会计算机正确的启动和关闭方法。
2. 学会启动、运行软件及关闭软件。
3. 掌握正确的坐姿、击键指法，熟悉键盘键位。
4. 了解各个键的基本功能，逐渐掌握盲打。

二、实训内容

1. 启动和关闭计算机。
2. 运行"金山打字通 2011"软件。
3. 在"金山打字通 2011"中进行键位练习。
4. 在"金山打字通 2011"中进行单词练习。
5. 在"金山打字通 2011"中进行文章练习。

实训时间建议：实训内容 1、2、3 可在 2 学时中完成；内容 3 另可单独练习 2 学时；内容 4、5 可各进行不少于 2 学时的练习，时间允许可各加 6 学时来进行练习，也可将加的 6 学时分散到其他时间进行。

三、操作指导

1. 启动和关闭计算机

（1）启动计算机

计算机启动的一般方法是先打开与计算机主机相连接的各种外设的电源，如显示器等，然后再打开主机电源。主机电源开关一般在主机箱的前面板或顶面板上较明显的位置。在主机电源开关的旁边一般还有一个较小的"复位"按钮，用于计算机使用过程中死机时，重启计算机时使用。

当按下启动开关后，计算机会显示黑色背景的启动画面，然后进入用户选择画面。选择一个用户并输入密码，回车，计算机会启动并进入桌面，如图 1-1 所示。

提示：当选择的用户未设置登录密码时，单击用户名会直接显示"欢迎使用"画面，然后进入桌面。当只有一个用户，并且未设置密码时，开机后会直接进入桌面。

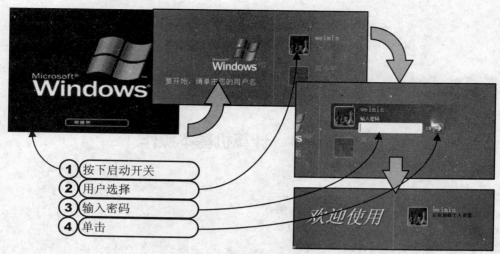

图 1-1　计算机启动过程

（2）关闭计算机

首先要明白关闭计算机不是将主机的电源切断，所以不能直接按主机电源开关或直接拔掉主机电源。正确的关机方法是：

先关闭所有打开的窗口或运行的用户程序，然后单击任务栏上的"开始"按钮，在弹出的菜单上单击"关闭计算机"按钮，然后在弹出的"关闭计算机"对话框中单击"关闭"按钮，计算机就会自动关闭，如图 1-2 所示。

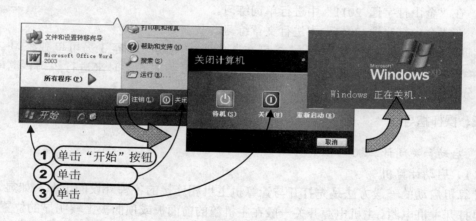

图 1-2　关闭计算机

提示：更快速地关闭计算机的方法是依次按"窗口"→U→U 三个键。

正常关闭计算机的过程中，计算机需要保存与计算机运行有关的状态信息，如果不正常关闭，这些信息将不会被保存，下次启动时可能不能正常启动计算机。

2. 运行"金山打字通 2011"软件

运行软件即启动软件的意思，其操作过程如图 1-3 所示。单击"开始"→"所有程序"→"金山打字通 2011"→"金山打字通 2011"，金山打字通 2011 软件就会启动，如图 1-3 所示。

通过"开始"菜单不仅可以运行"金山打字通 2011"软件，其他各种软件也可以使用相似的方法运行。

图 1-3　运行"金山打字通 2011"

3. 键位练习

（1）坐姿。坐姿要直，两脚平放，两臂自然下垂，两肘贴于腋边，手指自然弯曲；视线保持在屏幕上，不要经常查看键盘，以免视线一往一返，增加眼睛的疲劳；身体可略倾斜，距离键盘约 20～30 厘米。其他要求见图 1-4。

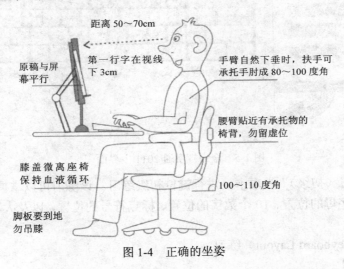

图 1-4　正确的坐姿

（2）键位。键盘上的"ASDF"和"JKL；"八个键叫做基准键。双手从左到右依次放在这八个基准键上，两只大拇指自然地轻触空格键。

提示：F 和 J 两个键上凸起的短线是为了帮助人们在不看键盘的情况下，当手指离开基准键去敲别的键之后，复位时可以用这两个键来确定位置。

正确的打字姿势是指法练习的基本功之一，如果不能从开始就注意养成好的习惯，不仅不能提高打字的速度和准确度，而且也有损健康。

指法练习要注意循序渐进，掌握要领，打好基础，不要一开始就要求速度。

（3）练习方法。

● 初学打字，掌握适当的练习方法，对于提高自己的打字速度，成为一名打字高手是必要的。

● 一定要把手指按照分工放在正确的键位上。

● 有意识地慢慢记忆键盘各个字符的位置，体会不同键位上的字键被敲击时手指的感觉，逐步养成不看键盘输入的习惯。

● 进行打字练习时必须集中精力，做到手、脑、眼的协调一致，尽量避免边看原稿边看
键盘，这样容易分散记忆力。
● 初级阶段的练习即使速度慢，也一定要保证输入的正确。
总之，"正确的指法+键盘记忆+集中精力+准确输入"才能成为打字高手。
（4）运行"金山打字通"软件，选择"英文打字"按钮，进入如图 1-5 所示的界面。

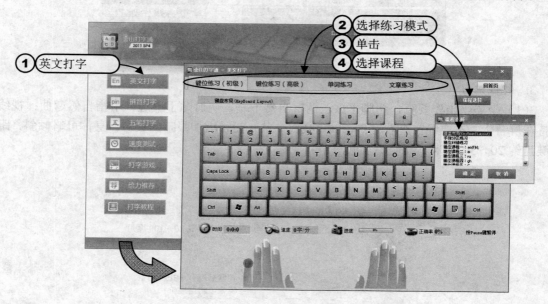

图 1-5   金山打字通 2011 主界面

选择"键位练习（初级）"选项卡，进行键位初级练习。该练习可以掌握键盘布局、手指
的分工、26 个英文字母的位置、10 个数字的位置、标点符号的位置，以及大写字母的录入等。
练习包括以下内容：

①键盘布局（Keyboard Layout）练习
②手指分区练习
③键位纠错练习
④26 个英文字母练习
⑤10 个数字键练习
⑥英文标点符号练习
⑦大写字母练习
⑧数字键盘练习

第①～⑦项内容通过单击"课程选择"按钮可以设置不同的练习内容，第⑧项通过单击
"数字键盘"按钮进行练习，练习完后单击"标准键盘"按钮可以返回标准的键位练习。

选择"键位练习（高级）"选项卡，进行键位高级练习，包括：

①键盘布局（Keyboard Layout）练习
②手指分区练习
③键位纠错练习
④26 个英文字母练习

⑤10 个数字键练习

⑥英文标点符号练习

⑦大写字母练习

提示：打字时每个手指必须严格按照手指指法的规定，分工明确，恪守岗位，任何不按照指法要求的操作都会造成指法混乱，无法记忆，最后影响打字速度，增加出错的概率。

4．单词练习

选择"单词练习"选项卡，进行单词练习。在该练习中，可以单击"课程选择"按钮，打开如图 1-6 所示的词库设置界面，选择不同类型的词库进行练习。

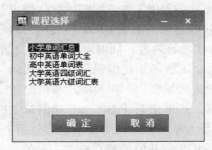

图 1-6　设置词库对话框

提示：在掌握了键盘键位和各个手指的分工，以及手指移动距离和方位，能够初步实现基本键位的盲打后再进行文章练习。

5．文章练习

选择"文章练习"选项卡，进行文章练习。在该练习中，除可以进行"课程选择"外，还可以设置"单行对照"或"多行对照"练习模式。

练习时一定要遵循循序渐进的原则，先键位，在掌握键盘布局的基础上，再单词，最后文章，这样可以很好地掌握键盘的布局，提高录入速度。

四、思考提高

1．怎样输入键盘键位上的上档字符？

2．全面认识计算机启动过程

打开电源启动机器几乎是电脑爱好者每天必做的事情，面对屏幕上出现的一幅幅启动画面，我们一点儿也不会感到陌生，但是，计算机在显示这些启动画面时都做了些什么工作呢？下面就来介绍一下从打开电源到出现 Windows 的蓝天白云，计算机到底都干了些什么事情。

当我们按下电源开关时，电源就开始向主板和其他设备供电，此时电压还不是很稳定，主板控制芯片组会向 CPU 发出一个 RESET 信号，让 CPU 初始化。当电源开始稳定供电后，芯片组便撤去 RESET 信号，CPU 马上就从地址 FFFF0H 处开始执行指令，这个地址在系统 BIOS 的地址范围内，无论是 AWARD BIOS 还是 AMI BIOS，放在这里的只是一条跳转指令，帮助跳到系统 BIOS 中真正的启动代码处。

在这一步中，系统 BIOS 的启动代码首先要做的事情就是进行 POST（Power On Self Test，加电自检），POST 的主要任务是检测系统中的一些关键设备是否存在和能否正常工作，如内存和显卡等。由于 POST 的检测过程在显示卡初始化之前，因此如果在 POST 的过程中发现了一些致命错误，如没有找到内存或者内存有问题时（POST 过程只检查 640KB 常规内存），是无法在屏幕上显示出来的，这时系统 POST 可通过喇叭发声来报告错误情况，声音长短和次数代表了错误的类型。

接下来系统 BIOS 将检查显示卡的 BIOS，存放显示卡 BIOS 的 ROM 芯片的起始地址通常在 C0000H 处，系统 BIOS 找到显卡 BIOS 之后调用它的初始化代码，由显卡 BIOS 来完成显示卡的初始化。大多数显示卡在这个过程通常会在屏幕上显示出一些显示卡的信息。如生产厂商、图形芯片类型、显存容量等内容，这就是我们开机看到的第一个画面，不过这个画面几乎是一闪而过的，也有的显卡 BIOS 使用了延时功能，以便用户可以看清楚显示的信息。接着系统 BIOS 会找到之后同样要调用这些 BIOS 内部的初始化代码来初始化这些设备。

查找完所有其他设备的 BIOS 之后，系统 BIOS 将显示它自己的启动画面，其中包括有系统 BIOS 的类型、序列号和版本号等内容。同时屏幕底端左下角会出现主板信息代码，包括 BIOS 的日期、主板芯片组型号、主板的识别编码及厂家的代码等。

接着系统 BIOS 将检测 CPU 的类型和工作频率，并将检测结果显示在屏幕上，这就是我们开机看到的 CPU 类型和主频。接下来系统 BIOS 开始测试主机所有的内存容量，并同时在屏幕上显示内存测试数值，就是大家所熟悉的屏幕上半部分那个飞速翻滚的内存计数器。

内存检测通过之后，系统 BIOS 将开始检测系统中安装的一些标准硬件设备，这些设备包括：硬盘、CD-ROM、软驱、串行接口和并行接口等连接的设备，另外绝大多数新版本的系统 BIOS 在这一过程中还要自动检测和设备内存的相关参数、硬盘参数和访问模式等。

标准设备检测完毕后，系统 BIOS 内部的支持即插即用的代码将开始检测和配置系统中安装的即插即用设备。每找到一个设备之后，系统 BIOS 都会在屏幕上显示出设备的名称和型号等信息，同时为该设备分配中断、DMA 通道和 I/O 端口等资源。

到这一步为止，所有硬件都已经检测配置完毕了，系统 BIOS 会重新清屏并在屏幕上方显示出一个系统配置表，其中简略地列出系统安装的各种标准硬件设备，以及它们使用的资源和一些相关工作参数。

接下来系统 BIOS 将更新 ESCD（Extended System Configuration Data，扩展系统配置数据）。ESCD 是系统 BIOS 用来与操作系统交换硬件配置信息的数据，这些数据被存放在 CMOS 中。通常 ESCD 数据只在系统硬件配置发生改变后才会进行更新，所以不是每次启动机器时我们都能够看到"Updata ESCD…Success"这样的信息。不过，某些主板的系统 BIOS 在保存 ESCD 数据时使用了与 Windows 9X 不相同的数据格式，于是 Windows 9X 在它自己的启动过程中会把 ESCD 数据转换成自己的格式，但在下一次启动机器时，系统 BIOS 又会把 ESCD 的数据格式改回来，如此循环，将会导致在每次启动机器时，系统 BIOS 都要更新一遍 ESCD，这就是为什么有的计算机在每次启动时都会显示："Updata ESCD…Success"信息的原因。

ESCD 数据更新完毕后，系统 BIOS 的启动代码将进行它的最后一项工作，即根据用户指定的启动顺序从软盘、硬盘或光驱启动。以从 C 盘启动为例，系统 BIOS 将读取并执行这个活动分区的分区记录，主引导记录接着从分区表中找到第一个活动分区，然后读取并执行这个活动分区的分区引导记录。而分区引导记录将负责读取并执行 IO.SYS，这是 DOS 和 Windows 9X 最基本的系统文件。Windows 9X 的 IO.SYS 首先要初始化一些重要的系统数据，然后就显示出我们熟悉的蓝天白云，在这幅画面之下，Windows 将继续进行 DOS 部分的引导和初始化工作。

五、考核方法

"金山打字通 2011"的速度测试可单独进行，也可随练习进行。英文打字测试在"英文练习"中进行。选择"英文打字"按钮，进入如图 1-7 所示的界面。然后选择"文章练习"，进行相应的测试。可以通过"课程选择"按钮为不同的测试者选择不同的测试文章。

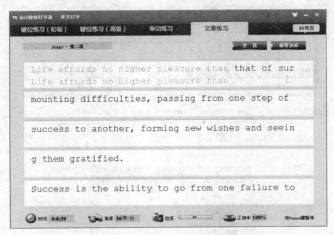

图 1-7　速度测试界面

在实际的测试中，可以选择其中的一项进行测试。测试时间不少于 10 分钟，正确率为 99% 以上，速度达 150WPM 得 60 分，170WPM 得 80 分，190WPM 得 90 分。若正确率低于 99%，则酌情扣分。

实训 1-2　汉字录入练习

一、实训目的

1. 学会使用搜狗输入法录入汉字。
2. 掌握搜狗输入法的输入技巧，学会转换输入法状态。
3. 熟悉输入法中的各种组合键，提高文字录入速度。

二、实训内容

1. 音节练习。
2. 词汇练习
3. 文章练习。

三、操作指导

1. 音节练习

运行"金山打字通 2011"软件，选择"拼音打字"按钮，进入如图 1-8 所示的界面。

在图 1-8 的界面中，依然可选择"音节练习"、"词汇练习"和"文章练习"，而不同的练习也可以选择不同的课程。如音节练习可以选择图 1-9 所示的内容。

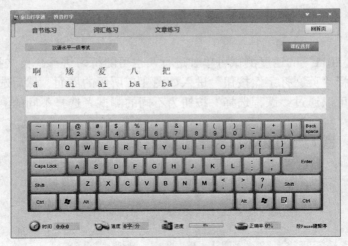

图 1-8　文字练习界面

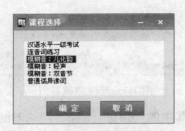

图 1-9　选择音节练习课程

2. 词汇练习

在图 1-8 的界面中，选择"词汇练习"选项卡，进行词汇练习。练习时可以设置不同的课程进行，注意需要打开中文输入法才能录入汉字。

利用搜狗输入法录入汉字。在搜狗输入法中，词汇输入是最常用的输入方式，录入时可以简拼、混拼灵活使用，这样不仅能提高录入速度同时也简化了录入。

在录入词汇时，分别使用 Enter 和 Space 键，比较两者使用上的区别。例如录入词汇"故事"，键入"gs"或"gus"或"gshi"后按下 Enter 键或者 Space 键，两者区别何在？

3. 文章练习

在图 1-8 的界面中，选择"文章练习"选项卡，进行文章练习。练习时可以设置不同的课程进行。通过该练习，综合掌握各种汉字、标点符号、特殊符号、中英文混合情况等的录入方法。

4. 各种符号练习

打开记事本，录入表 1-1 中的中文标点符号。

表 1-1　中文标点符号与键位对应关系

中文标点	标点名称	键盘键位
。	句号	.
，	逗号	,
；	分号	;
：	冒号	:（上档键）

续表

中文标点	标点名称	键盘键位
？	问号	?（上档键）
！	感叹号	!（上档键）
""	双引号（自动配对）	"（上档键）
''	单引号（自动配对）	'
（	左括号	(（上档键）
）	右括号	)（上档键）
《	左书名号	<（上档键）
》	右书名号	>（上档键）
……	省略号	^（上档键）
——	破折号	_（上档键）
、	顿号	\
￥	人民币符号	$（上档键）

通过以上内容的练习，掌握中文标点符号和英文标点符号的差别，特殊符号的输入等。

四、思考提高

1．怎样在不切换输入法的情况下进行中英文混合输入？
2．为什么在输入汉字的过程中显示的是字母而不是汉字？
3．为什么输入的数字比实际的宽？如录入数字"1234"，结果显示为"１２３４"。

五、考核方法

运行"金山打字通 2011"软件，选择"速度测试"按钮，然后分别选择"屏幕对照"、"书本对照"、"同声录入"选项卡，进行相应的测试。如果不是"书本对照"选项，测试时还可以选择不同类型的文章进行测试。

在实际的测试时，可以选择其中的一项进行测试，如"屏幕对照"，再随机选择一篇文章录入，测试输入速度和正确率。测试时间不少于 10 分钟，正确率为 99%以上，速度达 30WPM 得 60 分，40WPM 得 80 分，50WPM 得 90 分，正确率低于 99%，每低 1%扣 2 分。

六、学习资源

金山打字通 2011 软件介绍

金山打字通 2011（TypeEasy）是金山公司推出的两款教育系列软件之一，是一款功能齐全、数据丰富、界面友好，集打字练习、学习和测试于一体的打字软件。

这里主要介绍金山打字通 2011（TypeEasy 2011）的使用。从金山打字通 2011 官网：http://TypeEasy.kingsoft.com 上下载金山打字通 2011 软件，安装到计算机中即可使用。

1．金山打字通 2011 的功能
金山打字主要由英文打字、拼音打字、五笔打字、速度测试、打字游戏、打字教程等六部分组成。所有练习用词汇和文章都分专业和通用两种，其中专业包括机械、电子、医学、经贸、计算机、法律等十个专业。用户可根据需要进行选择。英文打字由键位记忆到文章练习逐步让用户盲打并提高打字速度；五笔打字从字根、单字到词组、文章逐层逐级的练习；拼音打字特别加入异读词练习、连音词练习，模糊音和地区方言练习，以及 HSK（汉语水平考试）字词的练习。这些练习给初学汉语或者汉语拼音水平不高的用户提供了极大的方便，同时也非常适合中小学生及外国留学生的汉语教学工作。

（1）英文打字

英文打字是针对初学者掌握键盘而设计的练习模块，它能快速有效地提高使用者对键位的熟悉和打字的速度。包含键位练习、单词练习和文章练习三个部分。

启动金山打字通 2011 软件后，进入英文打字界面，如图 1-10 所示。

图 1-10　金山打字通 2011 英文打字主界面

在键位练习（分初级和高级）中，用户可以选择键位练习课程，分键位进行练习。选择课程的方法是（下同）单击"课程选择"按钮，打开如图 1-11 所示的对话框选择课程，再单击"确定"按钮就完成课程的选择。在练习中增加了手指图形，不但能提示每个字母在键盘的位置，更可以知道用哪个手指来敲击当前需要键入的字符。

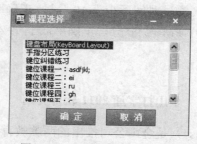

图 1-11　"键位课程"对话框

在单词练习中，用户可以选择练习的课程，包括通用词库、专业词库、常用单词。在通用词库中，用户可以选择从小学英语词库到大学四六级词库，以及托福词库和 GRE 词库等；在专业词库中，用户可以选择各学科的词库，如计算机专业词库，医学专业词库等。通过练习英文打字，用户不仅可以提高打字速度，而且可以增加英文词汇量，可谓是一举两得。

在文章练习中，用户可以选择普通文章和专业文章进行练习。

（2）拼音打字

拼音打字分为音节练习、词汇练习和文章练习三部分。它能有效地提高用户用拼音输入汉字的速度。它从音节练习入手，用户通过对方言模糊音、普通话异读词的练习，可以纠正用户在拼音输入中遇到的错误。

启动金山打字通 2011 软件后，进入拼音打字界面，如图 1-12 所示。

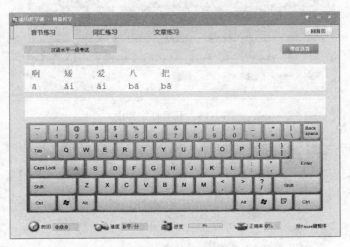

图 1-12　拼音打字界面

在音节练习中，用户可以选择练习的课程，包括模糊音和地区方言、HSK（汉语水平考试）、其他常用单词三类。其中"其他常用单词"中还可以选择连音词练习、普通话异读词练习。通过练习，不仅可以提高自己的录入速度，还可以纠正一些错误的发音。

在词汇练习中，用户可以选择不同类型的课程进行练习，课程类型有 HSK（汉语水平考试）词汇（从一级字到丁级词）、专业词汇、常用词汇。

在文章练习中，用户可以选择普通文章和专业文章进行练习。

（3）五笔打字

五笔打字是从字根到词组分级练习学习五笔，有编码及拆码两种提示，并对难拆字和常用字分别训练，是短期速成五笔录入的绝佳工具。五笔打字包括字根练习、单字练习、词组练习、文章练习四个部分。

启动金山打字通 2011 软件后，进入五笔打字界面，如图 1-13 所示：

在字根练习中，用户可以通过选择课程练习横区、竖区、撇区、捺区、折区这五个区的字根，也可以综合进行练习。

在单字练习中，用户可以通过课程选择，练习一级简码、二级简码、常用字、难拆字。

在词组练习中，用户可以通过课程选择，练习两字词组、三字词组、四字词组或多字词组。

在文章练习中，用户可以选择普通文章和专业文章进行练习。

（4）速度测试

速度测试是测试用户录入速度的模块。有屏幕对照、书本对照、同声录入三种形式，每种形式都可以检测打字速度，最后以速度曲线直观显示录入速度的变化。

启动金山打字通 2011 软件后，进入速度测试界面，如图 1-14 所示。

图 1-13　五笔打字界面

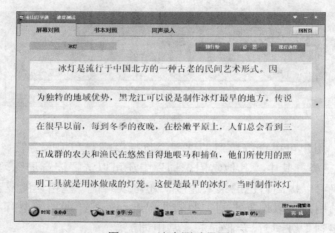

图 1-14　速度测试界面

在屏幕对照测试中，用户可以进行课程选择，选择中文文章或者英文文章，以及专业文章或者普通文章进行测试，测试过程中将动态显示时间、速度、进度和正确率。

在书本对照测试中，可以采用模拟实际情况的书本对照方式进行测试。

在同声录入测试中，可以选择中文文章和英文文章进行测试，该测试也为专业打字人员提供了同声录入训练的机会。

在测试之前，可以单击"设置"按钮打开如图 1-15 所示对话框进行测试设置，设置练习方式和时间。

图 1-15　速度测试设置对话框

　　此外，在用户使用金山打字之前可以选择学前测试，系统会根据用户的实际情况，建议用户进入哪个模块进行练习。

　　（5）打字教程

　　打字教程包括从正确坐姿到手指键位对照等全方位的标准打字入门介绍，利用直观的多媒体教程，使初学者在两小时内就可以非常正确地用键盘进行录入。

　　进入打字教程界面，用户可以学习认识键盘、打字姿势、打字指法、练习方法、汉字输入法、五笔字型输入法、拼音输入法等内容。学习过程中，通过点击"下一页"翻页，单击关闭按钮退出教程学习。

　　（6）打字游戏

　　打字游戏包括激流勇进、生死时速、太空大战等多个游戏，其操作简洁、情节紧张刺激，使您在轻松娱乐的过程中不知不觉就提高了打字速度，寓教于乐。

　　2．金山打字通 2011 的特点

　　（1）打字练习方式多样

　　为用户提供了英文打字、拼音打字、五笔打字三项基本的练习。

　　（2）测试方式合理

　　包括学前测试、速度测试两大方面。在速度测试方面又根据用户需求，分为屏幕对照、书本对照、同声录入三种方式。

　　（3）打字教程更专业

　　专业的打字教程做成形象生动的 Flash 形式，使您能以最快的速度学会打字。

　　（4）打字游戏设计思维巧妙

　　为您提供了五款游戏，让您在妙趣横生的游戏中无形地提高您对键盘的熟悉程度和文章盲打的水平。

　　（5）支持多用户管理

　　用户登录成功后，能查看个人的学习记录；系统还能提出学习建议、跟踪用户打字速度增长的整个过程。

自测题

一、单选题

1．存储器按用途不同可分为（　　）两大类。

　　A．RAM 和 ROM　　　　　　　　B．主存储器和辅助存储器

　　C．内存和磁盘　　　　　　　　　D．软盘和硬盘

2．下列哪个不是微机总线的缩写（　　）。

　　A．AB　　　　　　B．BB　　　　　　C．CB　　　　　　D．DB

3．（　　）是计算机中的核心部件，它的性能在很大程度上决定了微机的性能和档次。

　　A．内存　　　　　B．显示器　　　　C．CPU　　　　　D．硬盘

4．在计算机系统中，（　　）的存储量最大。

　　A．硬盘　　　　　B．内存储器　　　C．Cache　　　　D．ROM

5．常用的 3.5 英寸软盘写保护的方法是（　　）。

　　　　A．贴上写保护纸　　　　　　　　B．滑动塑料块露出写保护口

　　　　C．滑动塑料块封闭写保护口　　　D．撕掉写保护纸

6．软盘加上写保护后，这时对它可进行的操作是（　　）。

　　　　A．只能读盘，不能写盘　　　　　B．既可读盘，又可写盘

　　　　C．只能写盘，不能读盘　　　　　D．不能读盘，也不能写盘

7．Pentium 4 3000MHz 中的 3000MHz 是指该计算机 CPU 的（　　）。

　　　　A．价格　　　　　B．字长　　　　　C．主频　　　　　D．外频

8．计算机中一个字节包含的二进制位是（　　）。

　　　　A．4 位　　　　　B．6 位　　　　　C．8 位　　　　　D．16 位

9．通常说的 1KB 是指（　　）。

　　　　A．1000 个字节　　　　　　　　　B．1000 个二进制位

　　　　C．1024 个字节　　　　　　　　　D．1024 个二进制位

10．显示器最重要的指标是（　　）。

　　　　A．显示速度　　　　B．屏幕尺寸　　　C．分辨率　　　D．制造厂家

11．计算机运行中突然断电，将导致（　　）中的信息丢失。

　　　　A．ROM　　　　　B．RAM　　　　　C．CD-ROM　　　　D．DISK

12．硬盘工作时应特别注意避免（　　）。

　　　　A．噪声　　　　　B．震动　　　　　C．潮湿　　　　　D．日光

13．CPU 进行运算和处理的最有效长度称为（　　）。

　　　　A．字节　　　　　B．字长　　　　　C．位　　　　　D．字

14．软盘格式化时，被划分为一定数量的同心圆磁道，软盘上最外面的磁道是（　　）。

　　　　A．0 磁道　　　　B．39 磁道　　　　C．1 磁道　　　D．80 磁道

15．针式打印机术语中，24 针是指（　　）。

　　　　A．24×24 点阵　　　　　　　　　B．信号线插头有 24 针

　　　　C．打印头内有 24×24 根针　　　D．打印头内有 24 根针

16．下面列出的四种存储器中，易失性存储器是（　　）。

　　　　A．RAM　　　　　B．ROM　　　　　C．PROM　　　　D．CD-ROM

17．UPS 的中文名称是（　　）。

　　　　A．电子交流稳压器　　　　　　　B．不间断电源

　　　　C．阴极射线管　　　　　　　　　D．高能奔腾

18．微机面板上的 RESET 按钮的作用是（　　）。

　　　　A．暂停运行　　　B．复位启动　　　C．热启动　　　D．清屏

19．一个 1.2MB 的软盘大约可以存储（　　）个汉字。

　　　　A．12 万　　　　　B．60 万　　　　　C．120 万　　　D．80 万

20．在计算机内一切信息的存取、传输都是以（　　）形式进行的

　　　　A．ASCII 码　　　B．二进制　　　　C．十六进制　　D．BCD 码

21．光盘是用（　　）制成的。

　　　　A．塑料　　　　　B．多碳橡胶　　　C．磁性材料　　D．铝合金

22．计算机主存中能用于存取信息的部件是（　　）。

　　　　A．硬盘　　　　　B．软盘　　　　　C．ROM　　　　D．RAM

23．字长为 8 位的计算机，它能表示的无符号整数的范围是（　　）。

  A．0～127　　　　B．0～255　　　　C．0～512　　　　D．0～65535

24．八进制数 56 转换为十六进制数是（　　）。

  A．56　　　　　　B．2E　　　　　　C．1F　　　　　　D．36

25．在计算机运行时，把程序和程序运行所需要的数据或程序运行产生的数据同时存放在内存中，这种程序运行方式是 1946 年由（　　）所领导的研究小组正式提出并论证的。

  A．图灵　　　　　B．布尔　　　　　C．冯·诺依曼　　　D．爱因斯坦

26．八进制数 127 转换为二进制数是（　　）。

  A．1111111　　　B．11111111　　　C．1010111　　　D．1100111

27．如果按 7×9 点阵字模占用 8 个字节计算，则 7×9 的全部英文字母构成的字库共需占用磁盘空间（　　）字节。

  A．208　　　　　B．200　　　　　C．416　　　　　D．400

28．用某种高级语言编制的程序称为（　　）。

  A．用户程序　　　B．可执行程序　　C．目标程序　　　D．源程序

29．下面关于计算机系统硬件的说法中，不正确的是（　　）。

  A．CPU 主要由运算器、控制器和寄存器组成

  B．当关闭计算机电源后，RAM 中的程序和数据就消失了

  C．软盘和硬盘上的数据均可由 CPU 直接存取

  D．软盘既可以作为输入设备，也可以作为输出设备

30．一个字节所能表示的无符号整数的范围是（　　）。

  A．0～127　　　　B．0～255　　　　C．0～512　　　　D．0～65535

31．计算机主机主要由 CPU 和（　　）构成。

  A．运算器　　　　B．存储器　　　　C．显示器　　　　D．处理器

32．某台微机的硬盘容量为 40GB，其中 1GB 表示（　　）。

  A．1000KB　　　B．1024KB　　　C．1000MB　　　D．1024MB

33．微处理器的字长、主频、运算器结构及（　　）是影响其处理速度的主要因素。

  A．是否微程序控制　　　　　　　　B．有无 Cache 存储器

  C．有无中断处理　　　　　　　　　D．有无 DMA 功能

34．下列设备中，只能作为输出设备的是（　　）。

  A．CON　　　　　B．NUL　　　　　C．PRN　　　　　D．鼠标器

35．在微型计算机中，应用最普遍的字符编码是（　　）

  A．BCD 码　　　　B．ASCII 码　　　C．汉字编码　　　D．补码

36．人们根据特定的需要预先为计算机编制的指令序列称为（　　）。

  A．软件　　　　　B．文件　　　　　C．程序　　　　　D．集合

37．指挥、协调计算机工作的设备是（　　）。

  A．输入设备　　　B．输出设备　　　C．存储器　　　　D．控制器

38．由操作码和操作数指令构成的语言也叫做（　　）

  A．汇编语言　　　B．高级语言　　　C．机器语言　　　D．自然语言

39．下面关于机器语言的叙述不正确的是（　　）。

  A．机器语言编写的程序是机器化代码的集合

B. 机器语言是第一代语言，从属于硬件设备

C. 机器语言程序执行效率高

D. 机器语言程序需要编译后才能运行

40. 在使用高级语言编程时，首先可通过编译程序发现源程序中的全部（　　）。

    A. 符号错误　　　　B. 逻辑错误　　　　C. 语法错误　　　　D. 通路错误

二、多选题

1. 与十进制数 89 相等的数包括（　　）。

    A. 二进制数 01011001　　　　　　　B. 二进制数 01011111

    C. 八进制数 110　　　　　　　　　　D. 十六进制数 59

2. 汇编语言是一种（　　）。

    A. 低级语言　　　　B. 高级语言　　　　C. 程序设计语言　　D. 目标程序

3. 计算机的主要性能指标包括（　　）。

    A. 运算速度　　　　B. 性能价格比　　　C. 存储容量　　　　D. 字长

4. 以下关于 ASCII 码概念的论述中，正确的有（　　）。

    A. ASCII 码中的字符全部都可以在屏幕上显示

    B. ASCII 码基本字符集由 7 个二进制数组成

    C. 用 ASCII 码可以表示汉字

    D. ASCII 码基本字符集包括 128 个字符

    E. ASCII 码中的字符集由 16 个二进制数组成

5. 下面会破坏软盘片信息的有（　　）。

    A. 弯曲、折叠盘片　　　　　　　　　B. 将软盘靠近强磁场

    C. 读写频率太高　　　　　　　　　　D. 周围环境太嘈杂

6. 属于操作系统的软件是（　　）。

    A. Windows　　　　B. DOS　　　　　C. UNIX　　　　　D. Office 2003

7. 组成多媒体计算机应具备的硬件有（　　）。

    A. 声卡　　　　　　B. CD-ROM　　　C. 音箱　　　　　　D. 扫描仪

8. 下面那些术语是对磁盘适用的？（　　）。

    A. 容量　　　　　　B. 扇区　　　　　C. 磁道　　　　　　D. 格式化

9. 下列设备中，既能向主机提供数据又能保存主机输出数据的是（　　）。

    A. 硬盘　　　　　　B. 软盘　　　　　C. 只读光盘　　　　D. 键盘

10. 计算机上常用来接鼠标的接口有（　　）。

    A. USB　　　　　　B. COM　　　　　C. PS/2　　　　　　D. LPT

三、判断题

（　　）1. 每个汉字具有唯一的内码。

（　　）2. 计算机中的时钟主要用于系统计时。

（　　）3. 计算机中的总线也就是传递数据用的数据线。

（　　）4. 汇编语言是各种计算机机器语言的总称。

（　）5．计算机按用途划分，可分为数字计算机、模拟计算机、数字模拟混合式计算机。

（　）6．在计算机中，所谓多媒体信息就是指以多种形式存储在多种不同媒体上的信息。

（　）7．裸机是指不含外围设备的主机。

（　）8．运算器的功能就是算术运算。

（　）9．计算机辅助设计是计算机辅助教育的主要应用领域之一。

（　）10．在计算机中使用八进制和十六进制，是因它们占用的内存容量比二进制少，运算法则也比二进制简单。

（　）11．对于特定的计算机，每次存放和处理数据的二进制数的位数是固定不变的。

（　）12．主存储器可以比辅助存储器存储更多信息，且读写速度更快。

（　）13．存入存储器中的数据可以反复取出使用而不被破坏。

（　）14．"A"的 ASCII 码值是 65，则"C"的 ASCII 码值是 67。

（　）15．在 ASCII 码字符编码中，控制符号无法显示或打印出来。

（　）16．打印机上的指示灯"ON LINE"亮时表示联机。

（　）17．激光打印机属于非击打式打印机。

（　）18．通常，开机时先开显示器后开主机电源，关机时先关主机后关显示器电源。

（　）19．只读存储器（ROM）内所存的数据是固定不变的。

（　）20．主频愈高，机器的运行速度也愈高。

（　）21．驱动器的读写头是接触着软盘的，所以读写头不可能被碰撞坏。

（　）22．磁盘是计算机中一种重要的外部设备，没有磁盘，计算机就无法运行。

（　）23．键盘上每个按键对应于唯一的一个 ASCII 码。

（　）24．一张磁盘的 0 磁道坏了，其余磁道正常，则仍能使用。

（　）25．由电子线路构成的计算机硬件设备是计算机裸机。

（　）26．程序是能够完成特定功能的一组指令序列。

（　）27．低级语言学习和使用都很困难，所以已被淘汰。

（　）28．计算机与计算器的差别主要在于中央处理器速度的快慢。

（　）29．买来的软件是系统软件，自己编写的软件是应用软件。

（　）30．高级语言程序有两种工作方式：编译方式和解释方式。

四、填空题

1．所谓内存，实际上就是半导体存储器，它们分为随机存取存储器和_____（用中文作答）。

2．访问一次内存储器所花的时间称为_____。

3．操作系统是用来管理计算机_____，控制计算机工作流程，并能方便_____使用计算机的一系列程序的总和。

4．CAI 是_____的英文缩写。（请填写中文）

5．时钟周期可反映计算机的_____。

第 2 章　Windows XP 操作系统

实训 2-1　Windows XP 的基本操作

一、实训目的

通过本次实训，要求读者掌握以下内容：

1．了解并熟悉 Windows XP 操作系统的界面。

2．熟练掌握鼠标的使用方法。

3．学会桌面、窗口、菜单等的基本操作。

4．学会在 Windows XP 中启动应用程序和汉字输入法操作。

要求读者通过本次的上机实验，结合对这些内容的初步认识，在实际操作中逐步掌握以上内容，对于以后学习 Windows XP 操作和其他 Windows 系列操作系统的应用打下基础。

二、实训内容

1．练习鼠标的使用方法。

2．操作 Windows XP 桌面及桌面上的各种对象。

3．操作桌面图标、任务栏、"开始"菜单。

4．在 Windows XP 中启动应用程序。

5．操作窗口、对话框、菜单及快捷方式。

三、操作指导

1．鼠标操作练习

（1）单击左键（单击）

- 选中一个对象：用鼠标单击桌面上的一个图标，观察图标背景颜色的变化；再单击另一图标，情况如何？

- 选中分散的多个对象：先用鼠标选中桌面上的一个图标，然后按住 Ctrl 键，再用鼠标单击另一个图标，观察选择情况。请继续选中第三个、第四个图标。

- 选中连续的多个对象：先用鼠标选中桌面上的一个图标，然后按住 Shift 键，再用鼠标单击另一个离得较远的图标，观察选择情况。请重复操作，并调整选择区域。

- 打开与取消功能：单击任务栏上的"开始"按钮，再在展开的"开始"菜单以外的地方单击一下鼠标左键，观察会出现什么现象。用同样的方法操作输入法按钮和声音按钮。

注意：当选中了不想选的对象，按住 Ctrl 键单击该对象即可取消该对象的选择。

（2）双击左键（双击）

用鼠标左键双击桌面上的"我的电脑"图标，出现了什么？找到窗口右上角标有"×"

的按钮，用左键单击一下，窗口关闭。

用同样的方法双击桌面上的其他图标，注意观察双击后鼠标指针的变化以及双击结果。

（3）单击右键（右击）

● 在桌面空白处单击鼠标右键，记住弹出的快捷菜单的内容；再在菜单外单击鼠标左键。

● 用鼠标右键单击桌面上的一个图标，观察弹出的快捷菜单与上一个菜单的内容有何不同；用鼠标左键单击菜单以外的地方。

● 右击任务栏，观察菜单内容。

● 打开一个窗口，右击窗口中的不同部位，观察弹出的快捷菜单各自有何不同。

（4）拖动

● 左键拖动：将鼠标指向桌面上的一个图标，然后按住鼠标的左键不放，移动鼠标到另一个位置，放开鼠标左键。观察图标的移动过程。请进行重复操作。

● 右键拖动：将鼠标指向桌面上的一个图标，然后按住鼠标的右键不放，移动鼠标到另一个位置，放开鼠标右键。观察与左键拖动有什么不同。

注意：在做本练习之前，如果桌面图标采用自动排列（可以通过在桌面上空白处右击的右键快键菜单中的"排列图标"级联菜单查看"自动排列"菜单项前是否有"√"符号），则应该先取消自动排列状态。

提示：在 Windows 与应用软件的操作中，右键单击扮演着重要作用，通过右键单击特定对象，与该对象操作相关的命令就会出现在"右键快捷菜单"中，极大地提高了操作效率。

2. 认识 Windows XP 的桌面

启动计算机，并登录 Windows XP 操作系统，待登录完成后，出现在屏幕上的画面就是 Windows XP 的桌面。

注意观察桌面，找到以下对象的位置并记住其标志：

● "我的电脑"图标。

● "回收站"图标。

● 任务栏的位置及形状。

● 任务栏上的"开始"按钮及其他按钮和标志。

3. 桌面上的基本操作练习

（1）桌面的基本操作

● 选定图标

选定单个图标：单击。

选定多个连续图标：在桌面空白处单击拖出一个矩形框，框中内容即被选中。

选定多个不连续图标：按住 Ctrl 键，单击要选中的对象。

● 排列图标

在桌面空白处右击，将鼠标指向快捷菜单中的"排列图标"项，稍停片刻，再在出现的级联菜单中单击"按名称"项，观察桌面上图标的排列有何变化。

用同样的方法选择另外几种排列方式，观察桌面图标的排列变化。

● 对齐图标

在桌面空白处右击，将鼠标指向快捷菜单中的"排列图标"项，稍停片刻，查看级联菜单中的"自动排列"项前是否有"√"符号，如果有，则单击此项；如果没有，则在菜单以外的地方单击。

用鼠标将桌面上的图标随意拖动，然后在桌面空白处右击，再单击快捷菜单中的"对齐图标"项，观察桌面上图标的排列变化情况。

（2）任务栏的基本操作

Windows XP 是一个多任务操作系统，可以同时启动多个程序。任务栏上的每个按钮表示正在运行的一个程序或已打开的一个窗口。单击任务栏上想要使用的程序按钮，即可实现从一个程序切换到另一个程序。

- 移动任务栏：在没有选定"锁定任务栏"时，将鼠标指向任务栏上的空白处，按住鼠标左键，将鼠标拖向屏幕的右侧，放开鼠标左键。观察任务栏位置的变化。

  用同样的方法将任务栏移到屏幕的上方、左侧，最后仍将任务栏移回到屏幕的下方。

- 改变任务栏的宽度：将鼠标指向任务栏的上沿，微微调整鼠标位置，当鼠标指针由单箭头变成双箭头符号"↕"时，按住鼠标左键，向上拖动适当距离，放开鼠标左键。观察任务栏宽度的变化状况。

  用同样的方法向相反方向拖动鼠标，使任务栏恢复原来的宽度。

- 隐藏任务栏：在任务栏上的空白处右击，从快捷菜单中选择"属性"命令，在弹出的对话框的"任务栏"选项卡中选择"自动隐藏任务栏"选项，单击"确定"按钮，任务栏即可消失。同样，取消选择"自动隐藏任务栏"选项，任务栏又变为可见。

（3）"开始"菜单的基本操作

- 使用鼠标完成"开始"菜单的打开和关闭。
- 使用 Ctrl+Esc 组合键来打开"开始"菜单。
- 使用 Alt 键或 Esc 键关闭"开始"菜单。
- 使用鼠标打开"开始"菜单中右侧有"▶"符号的菜单项的子菜单。
- 使用"开始"菜单打开"画图"应用程序。

4. 窗口的基本操作练习

（1）单窗口操作

- 打开窗口：双击"我的电脑"快捷方式，打开"我的电脑"窗口，如图 2-1 所示，观察窗口的基本外貌（当然也可以双击别的快捷方式，打开别的窗口），记住标题栏、菜单栏、工具栏、滚动条的位置；再观察任务栏上增加了什么？

图 2-1　"我的电脑"窗口

- 窗口的最小化：将鼠标指向窗口标题栏右边的 "█" 按钮，单击一下该按钮，窗口消失。再看任务栏上的标志有什么变化？单击任务栏上的"我的电脑"图标，出现了什么？找到窗口上方蓝色标题栏最左边的窗口图标，单击，然后在菜单中单击"最小化"命令，结果如何？再单击任务栏上的"我的电脑"图标，展开窗口。
- 窗口的最大化和还原：观察窗口上方蓝色标题栏的右边，用鼠标指向三个按钮中中间的那个按钮，观察上面的图形标志并记住其功能。然后单击此按钮，观察窗口和该按钮的变化。分清什么是还原窗口，什么是最大化窗口。
  单击标题栏左边的标题窗口，用菜单进行窗口的最大化和还原操作。
- 改变还原窗口的大小：先将窗口设置为还原窗口，再将鼠标移到窗口的任意一个边界上，稍稍调整鼠标位置，使鼠标指针变成双箭头 "↔"；这时按住鼠标左键，移动鼠标，然后放开鼠标左键。观察窗口尺寸的改变。
  将鼠标移到窗口四角的任意一角进行同样的操作，观察操作效果。
- 移动还原窗口的位置：在还原窗口状态下，将鼠标指向蓝色标题栏的空白处，按住鼠标左键移动鼠标，放开左键，观察窗口的移动。再将鼠标指向窗口中的其他位置，进行同样的操作，窗口是否移动？

（2）多窗口操作。

- 打开多个窗口：将原来打开的窗口最小化，再双击桌面上的另一个图标，观察任务栏上的窗口标志。用相同的方法还可打开更多的窗口。从"开始"菜单中选择某个执行项目，也可打开窗口。
  打开多个窗口后，注意观察任务栏上每个窗口的标志。
- 窗口间的切换：分别单击任务栏上不同窗口的标志，观察屏幕上展开窗口的变化。将各个窗口都设置成大小适中的还原窗口，移动各窗口让它们重叠排列，观察各窗口的标题栏颜色有何不同？单击靠后的窗口会出现什么情况？
- 排列窗口：打开多个窗口后，将鼠标移动到任务栏的空白区域并右击，在弹出的快捷菜单中依次选择"层叠窗口"、"横向平铺窗口"、"纵向平铺窗口"菜单项，观察各种排列效果。
  在选择了某种平铺效果后，再次打开该快捷菜单，选择"撤消平铺"命令，可以返回到上一次的窗口排列情况。

5. 窗口视图的设置

在打开一个窗口的时候，可以观察到窗口的上方有一栏文字菜单，打开不同的菜单项可以选择不同的菜单命令。但是，对于一些常用的命令或工具，如果每次使用都去启动菜单，使用起来就不太方便。

在 Windows XP 的各窗口中，为了用户使用方便，都设置了一个"查看"菜单，用户可以根据自己的需要，利用这个"查看"菜单，将一些常用的命令或工具直接搬移到窗口上，使用时单击相应的按钮就能实现其功能。

这里以"我的电脑"窗口为例，练习窗口视图的设置。

- 双击桌面上"我的电脑"图标，打开"我的电脑"窗口，仔细观察窗口的各个部分。
- 单击窗口上方的"查看"菜单，仔细观察菜单的各项内容以及每项前面和后面是否带有标志符号，不同的标志符号各代表什么含义？
- 将所有前面带"√"的项目（包括下级菜单中的项目）都单击一下，观察窗口有什么变化？再将所有能带“√”的项目都单击一下，让其都带上“√”，窗口又有什么变化？

- 对其他项目进行选择，观察窗口及窗口中的内容有什么变化。

6. 对话框的操作

对话框在 Windows XP 的应用程序中大量地用于系统设置、获得和交换信息等操作。

例如，在桌面空白处右击，选择“属性”命令，可打开“显示 属性”对话框，如图 2-2 所示。

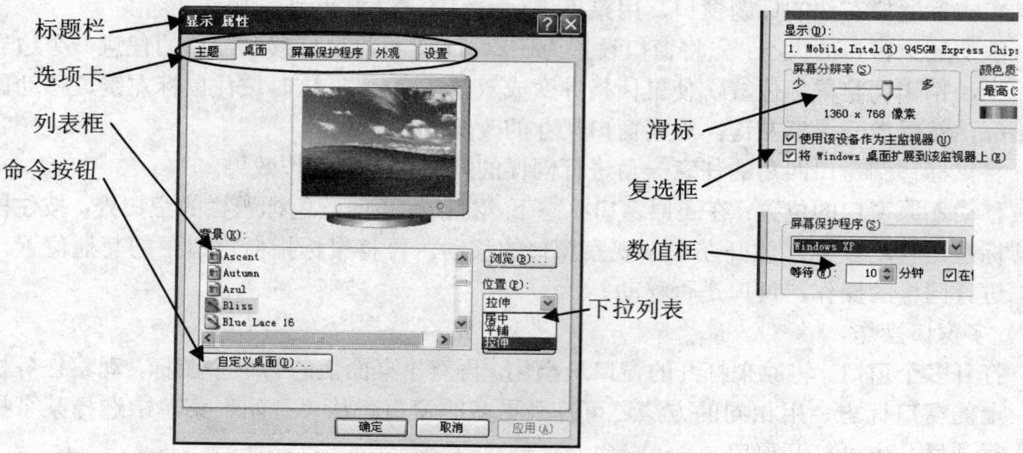

图 2-2 “显示 属性”对话框

（1）标题栏：用鼠标拖动标题栏可以移动对话框；单击“☒”按钮可以关闭对话框；单击“?”按钮后，鼠标指针将变成“↖?”形状，这时单击对话框的某个部分，就会出现关于该部分的提示信息。

（2）选项卡：选项卡代表对话框的各种功能。单击标签，可在多个选项卡之间进行切换。

（3）列表框：单击列表框中的某个选项，该选项即被选中。当选择项不能一次全部显示在列表框中时，可用滚动条进行快速查看。

（4）下拉列表：单击下拉列表框的下拉箭头，可以打开列表供用户选择，列表关闭时显示被选中的信息。

（5）文本框：单击文本框的矩形区域即可输入文本信息。

（6）复选框：复选框列出的一个或多个任选项中，可以单击选择一个或多个任选项。复选框被选中后，在框中会出现“√”，单击一个被选中的复选框，该选项将被取消选中。

（7）单选按钮：单选按钮为圆形，单击一组选项中的一个，被选中的按钮上出现一个黑点；该组选项中只能有一个被选择。

（8）命令按钮：单击带文字的矩形命令按钮，该命令即被执行。

（9）数值框：单击数值框右边的微调按钮，可以改变数值的大小，也可以在数值框中直接输入数值大小。

（10）滑标：即滑动式按钮，用鼠标左右或上下拖动滑标可以改变数值大小。一般用于调整参数。

对话框和窗口一样可以被移动、关闭；但对话框没有应用控制菜单图标、菜单栏、“最大化"按钮、"最小化"按钮；窗口的大小是可以调整的，而对话框的大小不可以调整。

7. 应用程序打开练习

（1）启动应用程序。

单击"开始"菜单，在弹出的菜单中依次单击"程序"→"附件"→"记事本"命令，启动"记事本"应用程序。如图 2-3 所示。

图 2-3　"记事本"应用程序

（2）在"记事本"应用程序中使用中文输入法。

在启动"记事本"应用程序后，进行以下操作练习：

- 用 Ctrl+空格键进行中英文切换练习。
- 用 Ctrl+Shift 键进行中文输入法切换练习。
- 用 Shift+空格键进行全角/半角的切换练习，并分别输入几个英文字母、数字和标点符号。
- 输入中文标点符号：句号、逗号、冒号、问号、感叹号、双引号、单引号、括号、书名号、省略号、破折号、顿号、人民币符号。
- 使用软键盘输入数字、单位符号。
- 选用一种输入法输入一些汉字。

（3）关闭应用程序。

要关闭"记事本"程序，可用鼠标单击"文件"菜单，选择"退出"命令即可；或者单击窗口右上角的"关闭"按钮。

在退出"记事本"程序时，会出现提示退出的对话框，单击"否"按钮，则退出"记事本"应用程序；如果要保存文件，可单击"是"按钮保存在相应位置；如果单击"取消"按钮，则退出"记事本"的操作取消，返回到"记事本"应用程序。

8. 创建快捷方式

快捷方式为启动程序提供了快速简单的操作方法，通过双击快捷方式图标，可以达到快速启动应用程序的目的。原则上可以为任何一个对象（程序、文档、文件夹、控制面板、打印机或磁盘等）建立快捷方式，打开快捷方式就意味着打开了相应的对象。快捷方式的位置可以创建在桌面或者文件夹下。

这里以"桌面快捷方式"创建为例，练习桌面快捷方式的创建。

（1）在桌面的空白位置右击，在出现的快捷菜单中单击"新建"→"快捷方式"命令，会弹出如图 2-4 所示的"创建快捷方式"对话框和产生一个未命名的快捷方式，在该对话框的文本框中输入要创建快捷方式的命令的目录路径，或通过单击"浏览"按钮选择所要创建快捷方式的文件。然后单击"下一步"按钮，再单击"完成"按钮，快捷方式就创建成功了。

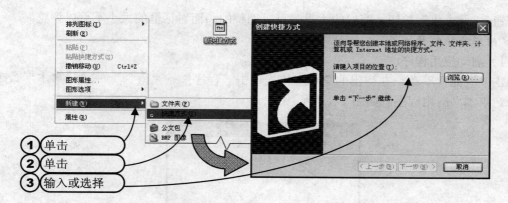

图 2-4　创建快捷方式

　　（2）右击任一文件图标，在弹出的快捷菜单中选择"发送到"→"桌面快捷方式"命令，桌面上就创建了所选文件的快捷方式图标。

　　提示：快捷方式本身并不是程序，它只是指向程序文件的一种链接（扩展名为.lnk 的文件），因此删除了一个程序的快捷方式并不影响该程序的启动，只是使启动程序的操作变得复杂而已。

四、考核方法

根据学生操作的熟练情况，按以下比例打分：

1．鼠标的使用 30 分。

2．桌面图标、任务栏和"开始"菜单的操作 30 分。

3．窗口、对话框、菜单操作 30 分。

4．其他操作 10 分。

五、思考提高

1．鼠标有哪几种操作？

2．能对哪些对象创建快捷方式？有几种创建快捷方式的方法？删除快捷方式会产生什么后果？

3．Windows XP 操作系统被称为单用户多任务操作系统，其含义是什么？

4．简述 Windows XP 的窗口与对话框的区别。

实训 2-2　Windows XP 的文件管理

一、实训目的

通过本次实验，要求读者学会以下操作内容：

1．资源管理器的基本操作。

2．文件和文件夹的基本操作。

3．文件和文件夹的查找操作。

二、实训内容

1. 启动并操作资源管理器。
2. 选择连续和非连续对象。
3. 打开程序和文档。
4. 新建、移动、复制、发送、删除、重命名文件或文件夹。
5. 查找文件与文件夹。

三、操作指导

1. 资源管理器的启动

Windows XP 提供了两套管理计算机资源的系统，它们是"Windows XP 资源管理器"和"我的电脑"窗口，二者的外形不同，但它们采用相同的方法组织和管理文件夹以及其他资源，具有基本相同的功能。

下面介绍打开资源管理器的几种方法：

（1）将鼠标指针移动到"开始"按钮，右击，在弹出的快捷菜单中选择"资源管理器"命令。

（2）将鼠标指针移动到"我的电脑"图标，右击，在弹出的快捷菜单中选择"资源管理器"命令。

（3）选择"开始"→"程序"→"附件"→"Windows 资源管理器"命令。

2. 资源管理器的基本操作

（1）调整左右窗格的大小

将鼠标指针移动到资源管理器窗口的左右窗格的分隔条上，当鼠标指针变为双向"↔"时，向左或右拖动鼠标，调整左右窗格大小。

（2）显示工具栏

"资源管理器"窗口提供了多个工具栏，可以单击"查看"→"工具栏"命令进行选择，也可以将标准按钮工具栏、地址工具栏、链接工具栏等选中，在选项前标记"√"符号就会显示这些工具栏。

（3）设置文件夹和文件的显示方式

"资源管理器"窗口的左窗格显示的是"文件夹"窗格。文件夹前的小方框有 3 种情况：

无小方框，表明该文件夹不包含任何下一级的文件夹；

有包含"+"的小方框，表明该文件夹包含下一级的文件夹，但是现在看不到它们，因为被折叠了；

有包含"-"的小方框，则该文件夹中有下一级文件夹，且内容是可见的。

单击含有"+"的小方框，就会展开此文件夹所包含的下一级文件夹，同时"+"变为"-"。

单击含有"-"的小方框，则会折叠此文件夹，同时"-"变为"+"。

（4）浏览文件夹中的内容

在左窗格中选定文件夹后，此文件夹中的内容出现在右边的窗格中。这些文件和文件夹的显示方式可以通过如图 2-5 所示的"查看"菜单中的相应命令（包括缩略图、平铺、图标、列表、详细信息）进行切换。

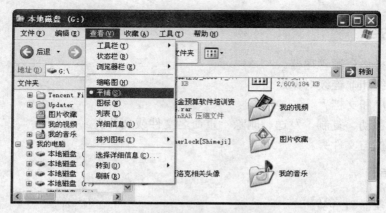

图 2-5　资源管理器的"查看"菜单

在"详细信息"显示方式下，右窗格顶部显示有"名称"、"大小"、"类型"等按钮，单击其中任一个按钮，其上将显示向上或向下箭头，同时窗格中的内容将重新按升序或降序排列。如果文件夹中有照片等文件，还可以按拍照时间或照片尺寸进行排列。

3．建立自己的文件夹

使用文件夹的目的是用户可以将数目众多的文件按照逻辑进行分类，将不同类型或作用的文件放在不同的文件夹中，以便于文件管理。Windows 中的文件夹可以建立在桌面上、磁盘的根目录下以及其他的文件夹中。为保证系统的安全和用户使用的方便，用户的文件夹通常不建立在包含有系统文件的文件夹内，也不要建立在其他应用程序的文件夹中。建议用户将自己的文件夹建立在"My Documents"文件夹内、磁盘的根目录下或 Windows 的桌面上。

由于在资源管理器中，对文件系统的结构可以一目了然，因此可以很方便地将文件夹建立在自己所需要的位置。资源管理器中新建文件夹的操作可以通过窗口菜单来实现，也可以使用右击鼠标弹出的快捷菜单来实现。由于快捷菜单使用灵活方便，因此，本次实训先学习使用快捷菜单在"My Documents"文件夹建立一个新的文件夹。

操作方法如图 2-6 所示。

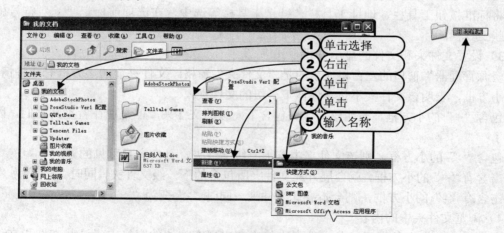

图 2-6　新建文件夹

在出现的文件夹图标下有一文字框，蓝色背景下有"新建文件夹"字样，这时不要单击鼠标，直接给新文件夹输入一个名字。

输入名字后，单击任意一个地方，则文件夹建立完毕。

双击新建的文件夹，右边窗口中是空白，表示该文件夹中没有保存任何内容。

打开窗口上方的"文件"菜单，在新建的文件夹中再建一个文件夹。

4. 文件和文件夹的基本操作

文件和文件夹在 Windows 系统中都是一种基本对象，可以对它们进行各种不同的操作。为方便起见，这里选择在资源管理器中进行基本练习。打开资源管理器，进行以下的操作练习。

（1）选中文件和文件夹

与选中桌面上的对象方法一样，可以单选一个，也可以选择多个。回顾一下桌面上的操作，在右边窗口中练习文件和文件夹的选中。

（2）文件和文件夹的打开

● 在右边窗口中双击任意一个文件夹，将文件夹打开。观察窗口上方的工具栏，找到"向上"按钮（如果没有，请打开"查看"菜单，选中"工具栏"中的"标准按钮"项），返回上一级窗口。

● 在左边窗口中找到并打开"My Documents"文件夹，在右边窗口中双击一个文件，文件将被打开。再将打开的窗口关闭。

如果某个文件是应用程序文件，则双击其图标后将运行该程序。

（3）文件和文件夹的复制

先练习将"My Documents"文件夹中的一个文件复制到新建的文件夹中。

操作方法如图 2-7 所示。

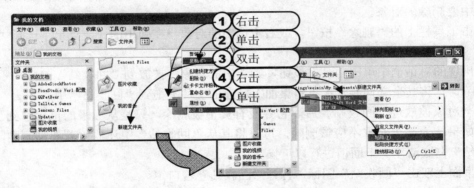

图 2-7　复制文件

用同样的方法，可以对多个文件或文件夹进行复制，复制的目的地也可以各不相同。进行以下练习：

● 将多个文件一次复制到自己新建的文件夹中。

● 将"My Documents"文件夹下自己的文件夹复制到桌面。

（4）文件和文件夹的移动

1）剪切方式

练习将"My Documents"文件夹下自己的文件夹移动到 C 盘根目录下。

①打开"My Documents"文件夹，选中自己的文件夹。

②单击工具栏上的"剪切"按钮，或右击自己的文件夹，在弹出的快捷菜单中选择"剪

切"项。

③在左边窗口单击 C 盘，将 C 盘根目录打开。

④单击工具栏上的"粘贴"按钮，或在右边窗口空白处右击，再在弹出的快捷菜单中选择"粘贴"项。

检查"My Documents"文件夹，此时已经没有自己的文件夹了。从左边窗口可以看到，文件夹已转移到了 C 盘根目录下。

用同样的方法可以将一个或多个文件和文件夹转移到不同的位置。

请用剪切方式将自己文件夹中的文件转移到该文件夹内的下一个文件夹中。

2）拖动方式

用拖动方式同样可以实现文件和文件夹的转移。练习用拖动方式将自己的文件夹转移回"My Documents"文件夹中：

①打开 C 盘根目录，找到自己的文件夹和"My Documents"文件夹。

②将自己的文件夹拖动到"My Documents"文件夹中。

③当"My Documents"文件夹变成蓝色后，松开鼠标，自己的文件夹则进入到"My Documents"文件夹中。

请再将自己所建的二级文件夹中的文件拖回到一级文件夹中。注意，也可向左边窗口中的文件夹中拖动。

（5）文件和文件夹的删除

仍以自己所建文件夹为操作对象进行以下删除操作：

①选中要删除的对象。

②单击工具栏上的"删除"按钮，或右击选中的对象，在弹出的快捷菜单中选择"删除"项。

③在出现的对话框中单击"是"按钮，则选中的对象将被放到"回收站"中。

重复练习，将其余文件删除；再将桌面上新建的文件夹拖到"回收站"中。

当一个对象被放进"回收站"后，它并没有真正被删除，只是从原来的位置移到了另一个位置。如果认为某个对象不应该删除，可以将其从"回收站"中还原；若要彻底删除，则将"回收站"彻底清空。下面请进行以下操作：

①在桌面上双击"回收站"图标，打开"回收站"窗口。

②选中其中的一个对象，打开"文件"菜单，选择"还原"项，将此对象还原到原来的位置上去（请检查是否回到原来位置）。

③再打开"文件"菜单，选择"清空回收站"项，将其余对象全部删除。

5. 查找文件或文件夹

查找本地硬盘上的所有 Word 文档（扩展名为 doc）。

可以单击"开始"→"搜索"命令，或在资源管理器的工具栏中单击"搜索"按钮，或右击"我的电脑"图标，在弹出的快捷菜单中单击"搜索"命令，在弹出的对话框中确定要查找的文档名和搜索范围，弹出如图 2-8 所示的"搜索结果"对话框（两种方法所弹出的对话框略有不同，要注意识别）。

四、考核方法

本实训是关于文件及文件夹的基本操作，实验教师根据学生操作的具体情况打分，其中实训内容 1、3、5 各 15 分；内容 2 为 25 分，内容 4 为 30 分。由于本实训内容相对于基础较好的学生而言较为简单，教师可从"思考提高"部分中抽选部分题目作为实训内容。

图 2-8　"搜索结果"对话框

五、思考提高

1．在 D 盘的根目录下建立一个以学员自己姓名命名的新文件夹，然后将其复制到桌面并重命名为"练习"，再将 D 盘的以学员自己姓名命名的文件夹删除。

2．将桌面名为"练习"的文件夹设置为隐藏属性，然后依次单击菜单栏上的"查看" →"刷新"命令，该文件图标将会消失。此时该如何操作使其显示出来。

3．在任务栏上"快速启动"工具栏中，创建一个程序的快捷方式。

4．简述回收站及剪贴板的作用。

5．在"Windows 资源管理器"窗口中，如何选择连续或不连续的多个对象？

实训 2-3　Windows XP 常用附件与功能设置

一、实训目的

通过本次实训，要求读者学会以下内容：

1．控制面板的打开与使用。

2．"画图"应用程序的使用。

3．操作系统的系统设置。

二、实训内容

1．操作控制面板。

2．设置系统显示属性。

3．设置系统的日期与时间。

4．添加/删除程序。

5．添加新硬件。

6．浏览系统信息及设备管理。

7．使用"画图"应用程序。

三、操作指导

1. 打开控制面板

单击"开始"按钮，然后选择"控制面板"命令，出现如图 2-7 所示的"控制面板"窗口。

如果计算机设置为使用"开始"菜单的经典显示方式，单击"开始"→"设置"→"控制面板"命令，也将出现如图 2-9 所示的"控制面板"窗口。

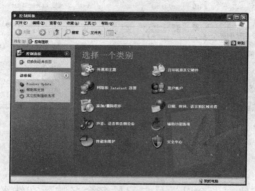

图 2-9　分类视图"控制面板"窗口

如果单击"切换到经典视图"超链接，可以弹出 Windows 早期版本中的控制面板样式，如图 2-10 所示。

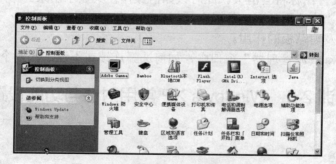

图 2-10　经典视图"控制面板"窗口

2. 显示属性设置

（1）更改屏幕分辨率

在桌面上的空白处右击，选择"属性"命令，弹出"显示 属性"对话框，打开"设置"选项卡，如图 2-11 所示，向左或向右拖动"屏幕分辨率"滑块，调整像素，单击"确定"按钮。

（2）更改监视器上的颜色数

在桌面上的空白处右击，选择"属性"命令，弹出"显示 属性"对话框，打开"设置"选项卡，单击"颜色质量"列表框右边的下拉箭头，选择新的颜色设置，单击"确定"按钮。

3. 设置日期和时间

设置系统当前时间为 2012 年 8 月 8 日早上 8 点 8 分。

单击"控制面板"→"日期、时间、语言和区域设置"→"更改日期和时间"命令，或双击任务栏提示区的日期/时间指示器，都会出现如图 2-12 所示的"日期和时间 属性"对话框。

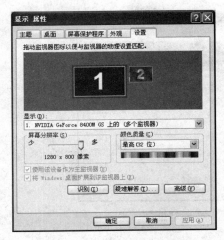

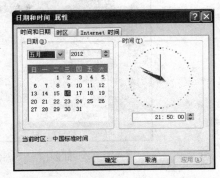

图 2-11　"显示 属性"对话框　　　　　图 2-12　"日期和时间 属性"对话框

（1）日期

在对话框的左边是"日期"分组框，在此框中设置日期。

单击"月份"下拉列表框，从列出的 12 个月份中选择当前的月份。

单击"年份"框右边的微调按钮，可以一年一年地改变年份。

在图 2-12 中，当前日期是 2012 年 5 月 16 日。

（2）时间

时间分为时、分、秒 3 个域，用户一次只能修改其中的一个。例如要修改小时，可用的方法是单击其中的小时域，再单击右边的微调按钮改变时间。可以看到在对话框的演示区域中，时钟的时针在转动，与平时调整闹钟时间的情况类似。用户也可以直接输入当前的小时数。

4. 添加/删除程序

使用控制面板中的"添加/删除程序"按钮，可以更改或删除程序、添加新程序、添加/删除 Windows 组件及设定程序访问和默认值。单击"开始"→"控制面板"命令，双击"添加/删除程序"图标，出现如图 2-13 所示的"添加或删除程序"对话框。

（1）添加中文版 Windows XP 的其他组件。

在图 2-14 所示的"Windows 组件向导"对话框中，其列表框列出了所有的中文 Windows XP 组件，可以使用列表框右边的滚动条进行查看。此时"传真服务"旁的复选框已被选中，可在列表框下面的描述说明了传真服务的用途。

（2）更改或删除程序

删除中文版 Windows XP 中的程序的步骤是：在图 2-13 所示的"添加或删除程序"对话框中单击"更改或删除程序"图标，单击"更改/删除"按钮，然后按照所要删除的程序的提示进行，就可以将程序彻底地更改或删除。

（3）添加新程序

要安装应用程序，可在图 2-13 所示的"添加或删除程序"对话框中单击"添加新程序"图标，弹出"更改或删除程序"对话框。单击"从 CD 或软盘"按钮，系统将自动搜索光驱或软驱上的安装程序。用户还可以在弹出的界面中手动查找，指定安装程序的路径。单击"完成"按钮就可以启动应用程序的安装程序，系统会自动进行程序的安装。

图 2-13　"添加或删除程序"对话框

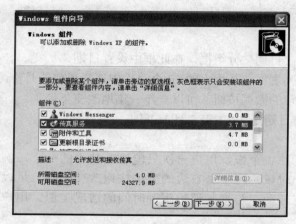

图 2-14　"Windows 组件向导"对话框

5．添加新硬件

首先要将新硬件安装到计算机中。对于即插即用设备，可以通过 Windows XP 的硬件安装向导，依据提示逐步进行安装。

6．浏览系统信息

右击"我的电脑"，选择"属性"命令，将出现如图 2-15 所示的"系统属性"对话框。同样，在经典视图下的控制面板中，双击"系统"图标，也将出现"系统属性"对话框。打开"常规"选项卡，显示计算机所使用的操作系统版本、注册用户和中央处理器以及内存信息；打开"计算机名"选项卡，显示用户所使用的计算机名与所连入的工作组名；单击"硬件"选项卡中的"设置管理器"项，将显示与使用的计算机相连的所有硬件设备信息（如图 2-16 所示）。

7．运行和设置 Windows "画图"程序

画图的过程就是设置页面（画布），然后在调色板中选取颜色，使用适当的工具在画布上绘画。单击"开始"→"所有程序"→"附件"→"画图"命令，出现如图 2-17 所示的"画图"窗口。窗口的左端是工具箱，在此工具箱中选择绘画工具；窗口的下部是调色板，在此可选择适当的前景和背景颜色；中间的工作窗口称为画布。

（1）启动"画图"应用程序

单击 "开始"→"程序"→"附件"→"画图"命令，启动"画图"应用程序。

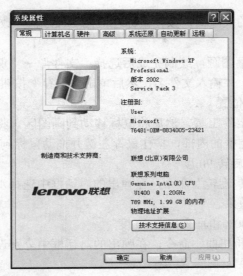

图 2-15　"系统属性"对话框

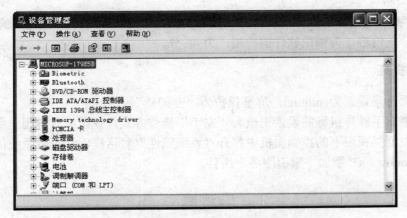

图 2-16　"设备管理器"窗口

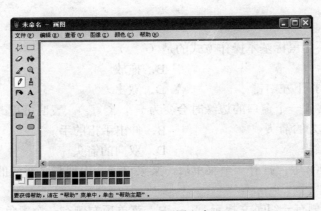

图 2-17　"画图"窗口

（2）画图区大小的设置

①选择"图像"→"属性"命令，在打开的"属性"对话框中设置画图区的大小。

②将鼠标指向画图区的尺寸柄，按住鼠标左键拖动尺寸柄，改变画图区的大小。

（3）绘图并保存

选择相应工具绘制一幅图画，绘制完成后选择"文件"→"保存"命令，在"保存"对话框中找到要保存的位置，并输入文件名，然后单击"保存"按钮。

（4）将图移动到新的位置

单击工具栏中的"选定"工具，然后将鼠标移动到画图区，将要移动的图片划入选定框中，然后将鼠标移动到选定框的内部，按住鼠标左键并拖动鼠标到指定位置后松开鼠标左键。

（5）将图左右翻转和旋转 90 度

选择"图像"→"翻转/旋转"命令，在弹出的对话框中选择水平翻转、垂直翻转和按照一定角度旋转，分别查看效果。

（6）将图水平拉伸 200% 和垂直扭曲 50 度

选择"图像"→"拉伸/扭曲"命令，在弹出的对话框中分别设置拉伸和扭曲的参数，并分别观察拉伸和扭曲的效果。

四、考核方法

本实验根据学生具体的操作情况打分，其中实训内容的 1～6 都为操作系统基本设置及操作，每题 10 分，内容 7 为画图软件的应用，为 40 分。

五、思考提高

1. 将桌面背景设置为 autumn，屏幕保护为"变幻线"。
2. 将习惯右手操作鼠标的设置更改为"左手"操作方式，使鼠标右键用于主要操作。
3. 尝试在分类视图下的控制面板中打开"系统属性"对话框，并查看系统信息。
4. 为 Windows XP 添加"索引服务"组件。

自测题

一、单选题

1. 以下操作中不是鼠标基本操作方式的是（　　）。
   A. 单击　　　　　　　　　　　B. 拖放
   C. 连续交替按下左右键　　　　D. 双击
2. 当鼠标指针移到一个窗口的边缘时会变为一个（　　），表明可更改窗口的大小形状。
   A. 指向左上方的箭头　　　　　B. 伸出手指的手
   C. 竖直的短线　　　　　　　　D. 双向的箭头
3. 在 Windows XP 中，打开一个菜单后，某菜单项会出现与之对应的级联菜单的标识是（　　）。
   A. 菜单项右侧有一组英文提示　　B. 菜单项右侧有一个黑色三角
   C. 菜单项左侧有一个黑色圆点　　D. 菜单项左侧有一个"√"号
4. 在某窗口中打开"文件"下拉菜单，在其中的"打开"命令项的右面括弧中有一个带下划线的字母 O，此时要想执行"打开"操作，可以在键盘上按（　　）。

A．O 键　　　　　　　　　　　　　B．Ctrl+O 键

C．Alt+O 键　　　　　　　　　　　D．Shift+O 键

5．在下拉菜单的各个操作命令项中，有一类命令项的右面标有省略号"…"，这类命令项的执行特点是（　　）。

　　A．被选中执行时会要求用户加以确认

　　B．被选中执行时会弹出子菜单

　　C．被选中执行时会弹出对话框

　　D．当前情况下不能执行

6．在 Windows XP 某些窗口中，在隐藏工具栏的状态下，若要完成剪切/复制/粘贴功能，可以（　　）。

　　A．选择"查看"菜单中的"剪切/复制/粘贴"命令

　　B．选择"文件"菜单中的"剪切/复制/粘贴"命令

　　C．选择"编辑"菜单中的"剪切/复制/粘贴"命令

　　D．选择"帮助"菜单中的"剪切/复制/粘贴"命令

7．对话框允许用户（　　）。

　　A．将其最大化　　　　　　　　　　B．将其最小化

　　C．移动其位置　　　　　　　　　　D．改变其大小

8．在 Windows 的各种窗口中，有一种形式叫"对话框"（会话窗口）。在这种窗口里，有些项目在文字说明的左边标有一个小圆形框，当该框里有"·"符号时表明（　　）。

　　A．这是一个多选（复选）按钮，而且未被选中

　　B．这是一个多选（复选）按钮，而且已被选中

　　C．这是一个单选按钮，而且未被选中

　　D．这是一个单选按钮，而且已被选中

9．为了执行一个应用程序，可以在"资源管理器"窗口内，（　　）。

　　A．单击一个文档图标　　　　　　　B．双击一个文档图标

　　C．单击相应的可执行程序　　　　　D．右击相应的可执行程序

10．单击任务栏中的一个按钮，将（　　）。

　　A．使一个应用程序处于前台执行状态

　　B．使一个应用程序开始执行

　　C．使一个应用程序结束运行

　　D．打开一个应用程序的窗口

11．在 Windows 环境中，屏幕上可以同时打开若干个窗口，但是（　　）。

　　A．其中只能有一个是当前活动窗口，它的图标在标题栏上的颜色与众不同

　　B．其中只能有一个在工作，其余都不能工作

　　C．它们都不能工作，只有其余都关闭，留下一个窗口才能工作

　　D．它们都不能工作，只有其余都最小化以后，留下一个窗口才能工作

12．在 Windows 环境中，当启动（运行）一个程序时就打开一个应用程序窗口，关闭运行程序的窗口，就是（　　）。

　　A．使该程序的运行转入后台工作

　　B．暂时中断该程序的运行，但随时可以由用户加以恢复

C. 结束该程序的运行

D. 该程序的运行仍然继续，不受影响

13. 在中文 Windows 的资源管理器窗口中，要选择多个相邻的文件以便对其进行某些处理操作（如复制、移动），选择文件的方法为（　　）。

A. 用鼠标逐个单击各文件图标

B. 用鼠标单击第一个文件图标，再用右键逐个单击其余各文件图标

C. 用鼠标单击第一个文件图标，按住 Ctrl 键的同时单击最后一个文件图标

D. 用鼠标单击第一个文件图标，按住 Shift 键的同时单击最后一个文件图标

14. Windows 的"资源管理器"窗口又分为左右两个部分，（　　）。

A. 左边显示磁盘上的树型目录结构，右边显示指定目录里的文件夹和文件信息

B. 左边显示指定目录里的文件夹和文件信息，右边显示磁盘上的树型目录结构

C. 两边都可以显示磁盘上的树型目录结构或指定目录里的文件信息，由用户决定

D. 左边显示磁盘上的文件目录，右边显示指定文件的具体内容

15. 在 Windows 环境中，各个应用程序之间能够交换和共享信息，是通过（　　）来实现的。

A. "我的电脑"窗口中的调度　　　　B. 资源管理器的操作

C. "剪贴板"查看程序　　　　　　　D. "剪贴板"公共数据通道

16. 在 Windows 环境中，许多应用程序内或应用程序之间能够交换和共享信息。当用户选择了某一部分信息（例如一段文字、一个图形）后，要把它移动到别处，应当首先执行"编辑"菜单下的（　　）命令。

A. "复制"　　　　　B. "粘贴"　　　　　C. "剪切"　　　　　D. "选择性粘贴"

17. 在 Windows 环境中，许多应用程序内或应用程序之间能够交换和共享信息，当用户选择了某一部分信息（例如一段文字、一个图形）并把它存入剪贴板后，要在另外一处复制该信息，则应当把插入点定位到该处，执行"编辑"菜单下的（　　）命令。

A. "复制"　　　　　B. "粘贴"　　　　　C. "剪切"　　　　　D. "还原编辑"

18. 在 Windows 资源管理器的右窗格中，显示着指定目录里的文件信息，其显示方式是（　　）。

A. 可以只显示文件名，也可以显示文件的部分或全部目录信息，由用户选择

B. 固定显示文件的全部目录信息

C. 固定显示文件的部分目录信息

D. 只能显示文件名

19. Windows 是一个（　　）的操作系统。

A. 单任务　　　　　　　　　　　B. 多任务

C. 实时　　　　　　　　　　　　D. 重复任务

20. 用鼠标（　　）桌面上的图标，可以把它的窗口打开。

A. 左键单击　　　　　　　　　　B. 左键双击

C. 右键单击　　　　　　　　　　D. 右键双击

21. 用鼠标（　　）菜单里的选项图标，可以把它的窗口打开。

A. 左键单击　　　　　　　　　　B. 左键双击

C. 右键单击　　　　　　　　　　D. 右键双击

22. 快捷菜单是用鼠标（　　）目标调出的。

　　A．左键单击　　　　　　　　　　　　B．左键双击

　　C．右键单击　　　　　　　　　　　　D．右键双击

23．在文档窗口上，要选择一批连续排列的文件，应在选择了开始的第一个文件后按住（　　）键，接着单击下一个文件。

　　A．Ctrl　　　　　　B．Alt　　　　　　C．Shift　　　　　　D．Insert

24．在文档窗口上，要选择一批不连续排列的文件，在选择了开始的第一个文件后，按住（　　）键，接着单击下一个文件。

　　A．Ctrl　　　　　　B．Alt　　　　　　C．Shift　　　　　　D．Insert

25．用鼠标拖动的方法移动一个目标时，一般是按住（　　）键，同时用左键拖动。

　　A．Ctrl　　　　　　B．Alt　　　　　　C．Shift　　　　　　D．Insert

26．用鼠标拖动的方法复制一个目标时，一般是按住（　　）键，同时用左键拖动。

　　A．Ctrl　　　　　　B．Alt　　　　　　C．Shift　　　　　　D．Insert

27．在菜单或对话框里，有下级菜单的选项上有一个（　　）标记。

　　A．▶　　　　　　B．…　　　　　　C．√　　　　　　D．●

28．误操作后可以按（　　）键撤消。

　　A．Ctrl+X　　　　B．Ctrl+Z　　　　C．Ctrl+Y　　　　D．Ctrl+D

29．下列选项中，（　　）符号在菜单命令项中不可能出现。

　　A．▶　　　　　　B．●　　　　　　C．▲　　　　　　D．√

30．下列叙述中正确的是（　　）。

　　A．对话框可以改变大小，可以移动位置

　　B．对话框只能改变大小，不能移动位置

　　C．对话框只能移动位置，不可以改变大小

　　D．对话框既不能移动位置，又不能改变大小

31．关闭一个活动应用程序窗口，可以按快捷键（　　）。

　　A．Alt+F4　　　　B．Ctrl+F4　　　　C．Alt+Esc　　　　D．Ctrl+Esc

32．在 Windows XP 中，（　　）可释放一些内存。

　　A．从使用壁纸改为不用壁纸

　　B．使用 True Type 字体

　　C．将应用程序窗口最小化

　　D．以窗口代替全屏幕运行非 Windows 程序

33．关于 Windows XP 桌面任务栏中的状态栏的功能，以下说法中（　　）是正确的。

　　A．启动或退出应用程序　　　　　　B．实现应用程序间的切换

　　C．创建和管理桌面图标　　　　　　D．设置桌面外观

34．单击"开始"按钮，指向"设置"，再指向（　　）并单击，可用其中项目进一步调整系统装置或添加/删除程序。

　　A．控制面板　　　B．活动桌面　　　C．任务栏　　　　D．文件夹选项

35．剪贴板是（　　）中一块临时存放交换信息的区域。

　　A．硬盘　　　　　B．ROM　　　　　C．RAM　　　　　D．应用程序

36．在 Windows XP 中，当运行多个应用程序时，屏幕上显示的是（　　）。

　　A．第一个程序窗口　　　　　　　　B．最后一个程序窗口

    C．系统的当前窗口　　　　　　　　D．多个窗口的叠加

37．在 Windows XP 中，不能从（　　）启动应用程序。

    A．资源管理器　　　　　　　　　　B．"我的电脑"窗口

    C．"开始"菜单　　　　　　　　　　D．任务列表

38．在不同的运行着的应用程序间切换，可以利用的快捷键是（　　）。

    A．Alt+Esc　　　　　　　　　　　　B．Ctrl+Esc

    C．Alt+Tab　　　　　　　　　　　　D．Ctrl+Tab

39．任务栏上的应用程序按钮是最小化了的（　　）窗口。

    A．应用程序　　B．对话框　　　　C．文档　　　　　　D．菜单

40．若屏幕上同时显示多个窗口，可以根据窗口中（　　）栏的特殊颜色来判断它是否为当前活动窗口。

    A．菜单　　　　B．符号　　　　　C．状态　　　　　　D．标题

41．在 Windows "开始"菜单下的"文档"菜单中存放的是（　　）。

    A．最近建立的文档　　　　　　　　B．最近打开过的文件夹

    C．最近打开过的文档　　　　　　　D．最近运行过的程序

42．在中文 Windows 中，使用软键盘可以快速地输入各种特殊符号，为了撤消弹出的软键盘，正确的操作为（　　）。

    A．用鼠标左键单击软键盘上的 Esc 键

    B．用鼠标右键单击软键盘上的 Esc 键

    C．用鼠标右键单击中文输入法状态窗口中的"开启/关闭软键盘"按钮

    D．用鼠标左键单击中文输入法状态窗口中的"开启/关闭软键盘"按钮

43．在 Windows 中有两个管理系统资源的程序组，它们是（　　）。

    A．"我的电脑"和"控制面板"

    B．"资源管理器"和"控制面板"

    C．"我的电脑"和"资源管理器"

    D．"控制面板"和"开始"菜单

44．在 Windows 中，为了弹出"显示属性"对话框以进行显示器的设置，下列操作中正确的是（　　）。

    A．用鼠标右键单击"任务栏"空白处，在弹出的快捷菜单中选择"属性"项

    B．用鼠标右键单击桌面空白处，在弹出的快捷菜单中选择"属性"项

    C．用鼠标右键单击"我的电脑"窗口空白处，在弹出的快捷菜单中选择"属性"项

    D．用鼠标右键单击"资源管理器"窗口空白处，在弹出的快捷菜单中选择"属性"项

45．在 Windows 中，"任务栏"的作用是（　　）。

    A．显示系统的所有功能

    B．只显示当前活动窗口名

    C．只显示正在后台工作的窗口名

    D．实现窗口之间的切换

46．下面是关于 Windows 文件名的叙述，错误的是（　　）。

    A．文件名中允许使用汉字

    B．文件名中允许使用多个圆点分隔符

  C．文件名中允许使用空格

  D．文件名中允许使用竖线（"|"）

47．在 Windows 中，若已选定某文件，不能将该文件复制到同一文件夹下的操作是（　　）。

  A．用鼠标右键将该文件拖动到同一文件夹下

  B．先执行"编辑"菜单中的"复制"命令，再执行"粘贴"命令

  C．用鼠标左键将该文件拖动到同一文件夹下

  D．按 Ctrl 键，再用鼠标右键将该文件拖动到同一文件夹下

48．Windows 操作系统是一个（　　）。

  A．单用户多任务操作系统   B．单用户单任务操作系统

  C．多用户单任务操作系统   D．多用户多任务操作系统

49．设 Windows 桌面上已经有某应用程序的图标，要运行该程序，可以（　　）。

  A．用鼠标左键单击该图标   B．用鼠标右键单击该图标

  C．用鼠标左键双击该图标   D．用鼠标右键双击该图标

50．通过 Windows "开始"菜单中的"运行"项（　　）。

  A．可以运行 DOS 的全部命令

  B．仅可以运行 DOS 的内部命令

  C．可以运行 DOS 的外部命令和可执行文件

  D．仅可以运行 DOS 的外部命令

二、判断题

  （　　）1．Windows XP 支持长文件名，也就是说在取文件名时，最长可允许 256 个字符，但对于文件夹名字的长度最长为 8 个字符。

  （　　）2．在 Windows XP 系统中，选择汉字输入方法时，可以单击状态栏中的"En"图标，也可以按 Ctrl+Shift 键进行选择。

  （　　）3．Windows XP 可运行多个任务，要完成任务间的切换，可以先将鼠标移到任务栏中该任务按钮上，然后双击。

  （　　）4．在 Windows XP 系统中，汉字与英文输入切换时，可以按右边的 Ctrl+空格键，也可以按左边的 Ctrl+空格键。

  （　　）5．在 Windows XP 系统中，没有区位码汉字输入法。

  （　　）6．在同一个文件夹中，不能用鼠标对同一个文件进行复制。

  （　　）7．在 Windows XP 桌面系统中，只能创建快捷方式的图标，不能创建文件夹图标。

  （　　）8．快捷方式的图标与一般图标的区别在于它有一个箭头。

  （　　）9．使用菜单方式的复制操作，只能将对象复制到软盘或"我的文档"中，不能复制到其他的文件夹中。

  （　　）10．在 Windows XP 系统的资源管理器中，在文件夹边上的"+"号表示该文件夹还有子文件夹，而出现"−"号表示该文件夹下无文件夹，只有文件了。

  （　　）11．在 Windows XP 系统中，经常会出现一种快捷方式的菜单，该菜单的出现是由于双击了鼠标的右键所致。

  （　　）12．Windows XP 系统中的图形显示器的分辨率可以通过控制面板中的"显示"选项进行调整。

（　　）13．Windows XP 桌面系统中的图标、字体的大小是不能进行改变的。

（　　）14．屏幕保护程序的图案只能通过系统提供的几种图案进行选择，用户不能自行设置。

（　　）15．屏幕保护程序中的口令主要是为了保护屏幕中的数据不被他人修改而设置的。

（　　）16．打印机只要正确地连接到主机板上的接口即可进行打印操作，不需要进行其他的设置。

（　　）17．若有两台打印机同时安装在计算机上，那么必须对其中的一台设置默认值。

（　　）18．移动当前窗口时，只要用鼠标将光标移到该窗口的任意位置进行拖动即可。

（　　）19．Windows XP 任务栏不仅可以移动到其他位置，而且还可以扩大它的范围。

（　　）20．若要创建一个文件夹，最简单的方法是右击，选择"创建"选项。

（　　）21．在"我的电脑"窗口或资源管理器中，利用软盘图标所对应的快捷菜单可以格式化软盘和复制软盘。

（　　）22．窗口最小化是指关闭该窗口。

（　　）23．在 Windows XP 中，鼠标左右键的功能可以互换。

（　　）24．在 DOS 环境下编写的软件不能在 Windows 环境下运行。

（　　）25．在 DOS 环境下，单击窗口右上角的"关闭"按钮可以退出 DOS。

（　　）26．平铺和层叠显示方式可以对所有对象生效，包括未打开的文件。

（　　）27．Windows XP 可支持不同对象的链接与嵌入。

（　　）28．使用"写字板"程序可以对文本文件进行编辑。

（　　）29．所有运行中的应用程序在任务栏的活动任务区中都有一个对应的按钮。

（　　）30．删除了一个应用程序的快捷方式就删除了相应的应用程序。

（　　）31．在为某个应用程序创建了快捷方式图标后，再将该应用程序移动到另一个文件夹中，该快捷方式仍能启动该应用程序。

（　　）32．使用附件中的"画图"应用程序，当默认颜色不能满足要求时，可以编辑颜色。

（　　）33．双击任务栏右下角的时间显示区，可以对系统时间进行设置。

（　　）34．使用资源管理器可以格式化软盘和硬盘。

（　　）35．无论对于什么窗口，只要将窗口最大化，就不会再有滚动条。

（　　）36．在删除文件夹时，其中所有的文件及下级文件夹也同时被删除。

（　　）37．当文件放置在回收站时，可以随时将其恢复，即使是在回收站中删除以后也可以。

（　　）38．对话框可以移动位置或改变尺寸。

（　　）39．在附件"画图"中，如果使用"全图"显示模式，就不能编辑图形。

（　　）40．Windows 不允许删除正在打开的应用程序。

（　　）41．Windows 的图标是在安装的同时就设置好的，以后不能进行更改。

（　　）42．Windows 具有电源管理的功能，达到一定时间未操作计算机，系统会自动关机。

（　　）43．如果不小心在回收站里删除了一个文件（夹），立即撤消操作可以避免损失。

（　　）44．在控制面板的"声音"应用程序里，可以设置和改变 Windows 进行各种操作时的声音。

（　　）45．经常运行磁盘碎片整理程序有助于提高计算机的性能。

三、填空题

1．在 Windows 中，用户可以同时打开多个窗口，窗口的排列方式有_____和_____两种，但只有一个窗口处于激活状态，该窗口叫做_____。窗口中的程序处于_____运行状态，其他窗口的程序则在_____运行。如果想要改变窗口的排列方式，可以通过在_____栏的空白处右击，在弹出的快捷菜单中选取要排列的方式。

2．在 Windows 中，有些菜单选项的右端有一个向右的箭头，其意思是_____，菜单中灰色的命令项代表的意思是_____。

3．剪贴板是 Windows 中的一个重要概念，它的主要功能是_____，它是 Windows 在_____中开辟的一块临时存储区。当利用剪贴板将文档信息放到这个存储区备用时，必须先对要剪切或复制的信息进行_____。

4．当一个文件或文件夹被删除后，如果用户还没有进行其他操作，则可以在_____菜单中选择_____命令，将刚刚删除的文件恢复；如果用户已经执行了其他操作，则必须通过_____选定被删文件后再执行_____菜单中的_____命令才能恢复。

5．在 Windows 中，可以很方便直观地使用鼠标的拖动功能实现文件或文件夹的_____或_____。

6．要将整个桌面的内容存入剪贴板，应按_____。

7．当选定文件或文件夹后，欲改变其属性设置，可以单击鼠标_____键，然后在弹出的菜单中选择_____命令。

8．在 Windows 中，被删除的文件或文件夹将存放在_____中。

9．在"资源管理器"窗口中，要想显示隐含文件，可以利用_____菜单中的_____命令中的_____选项卡来进行设置。

10．用_____键，可以启动或关闭中文输入法。

第 3 章　Word 2003 文字处理

实训 3-1　认识 Word

一、实训目的

1. 了解 Word 文档的基本概况，认识 Word 的工作环境。
2. 掌握 Word 的基本操作。
3. 掌握工具栏的简单操作。
4. 了解任务窗格。

二、实训内容

1. 启动 Word 和退出 Word。
2. 打开和关闭 Word 文档。
3. 认识 Word 的工作界面。
4. 认识 Word 文档。
5. 工具栏的简单操作。
6. 任务窗格的打开方法及操作方法。

学时建议：2 学时。

三、操作指导

1. 启动 Word

（1）一般启动方式如图 3-1 所示。

图 3-1　启动 Word 的一般方式

（2）快捷方式启动。单击桌面或任意位置的 Word 快捷方式是启动 Word 的最快捷方法，快捷方式的创建方法请参考第 2 章。

（3）将 Windows XP 操作系统的开始菜单设置为非"经典"方式，则会在开始菜单的左侧列出经常使用的程序的快捷方式，单击即可启动，如图 3-2 所示。

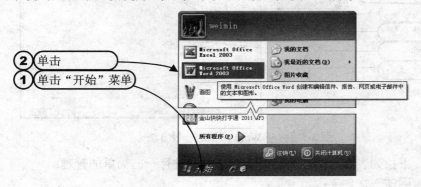

图 3-2　从开始菜单启动 Word

（4）双击任何一个 Word 文档图标都会启动 Word，同时该文档也被打开。

2．退出 Word

（1）利用 Word 窗口操作退出 Word，如图 3-3 所示。

（2）利用菜单命令退出 Word，如图 3-4 所示。

（3）在 Word 为活动窗口的状态下，按下快捷键 Alt+F4 退出 Word。

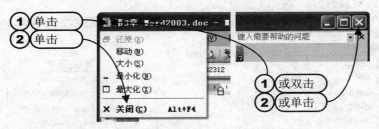

图 3-3　利用窗口操作退出 Word

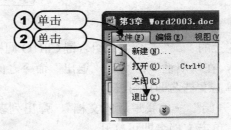

图 3-4　利用菜单命令退出 Word

注意："文件"菜单下的"关闭"命令只能关闭当前打开的文档，不能退出 Word。

3．打开 Word 文档

（1）一般方法如图 3-5 所示。

在"打开"对话框中的"查找范围"下拉列表找到文件所在的文件夹，窗口中将显示相应文件夹中的内容。对话框左边的图标列表用来大致确定查找范围，有"我最近的文档"、"桌面"、"我的文档"等位置。

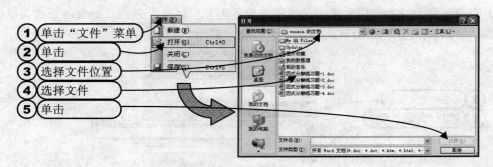

图 3-5　打开 Word 文档的一般方法

"查找范围"下拉列表右边的按钮，可以对文件夹进行一些简单的管理：

按钮"⊙"返回前一文件夹；

按钮"⬆"返回上一文件夹；

按钮"✕"可以删除选定的文档；

按钮"▭"可以新建文件夹；

按钮"▦ ▾"可以改变文档的显示方式；

按钮"工具(L)▾"包含如图 3-6 所示的一些命令。

选中要打开的文档后，单击"打开"按钮，文档将会被打开。或者在对话框中双击要打开的文档，文档也会被打开。

单击"打开"按钮旁的向下箭头，可以选择打开方式，如图 3-7 所示。

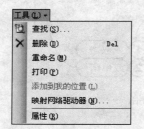

图 3-6　工具下拉命令菜单

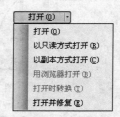

图 3-7　文档打开方式

（2）单击"常用"工具栏上的"📂"按钮，或组合键 Ctrl+O 同样可以打开"打开"对话框。

（3）单击"文件"菜单，在"属性"命令与"退出"命令之间，会列出最近使用的几个文档，若有你需要的文档，单击文档名即可打开。

（4）单击任务栏上的"开始"→"我最近的文档"，弹出列表中会列出最近使用过的多个文档，若有你需要的文档，单击文档名即可打开。

（5）按快捷键 Ctrl+F1 可以打开任务窗格，在任务列表中选择"开始工作"，可以打开最近使用的文档、通过"其他"按钮打开"打开"对话框打开文档。

（6）利用资源管理器查找需要打开的文档，双击该文档即可打开。

4. 关闭 Word 文档

（1）选择菜单"文件"→"关闭"命令。

（2）单击文档窗口右上角关闭窗口按钮"▣"下的"✕"按钮。

（3）快捷键 Alt+F4。

（4）单击标题栏左边的图标，在弹出的快捷菜单中选择"关闭"命令。

提示：当只有一个文档时方法（3）、（4）在关闭文档的同时也退出 Word。

当打开的 Word 文档进行了编辑或内容改变，关闭该文档时，Word 会提示是否保存进行的更改，如图 3-8 所示。

图 3-8　关闭文档提示

5．认识 Word 文档

（1）打开素材文档"Word 示例文档.doc"。

（2）该文档将 Word 的常用功能都展示出来了，按照文档中的提示，浏览文档，了解 Word 的常用功能。

6．认识 Word 界面

保持"Word 示例文档.doc"的打开状态，按如下步骤操作：

（1）逐个单击菜单栏的各个主菜单，观察各菜单的菜单命令、菜单状态。当菜单弹出后，有部分菜单项是隐藏的，保持鼠标不动几秒，或单击菜单底部的"⊗"按钮，或双击菜单，隐藏的菜单会出现。

（2）将鼠标停留在"常用"工具栏和"格式"工具栏的各个工具按钮上，查看按钮的功能说明。

（3）分别使用"视图"菜单的相关命令和水平滚动条左边的按钮切换到普通视图、Web 版式视图、大纲视图、阅读版式和页面视图，观察工作区的显示。

（4）将窗口拆分为两个部分，在不同的窗口中浏览文档的不同内容。使用"窗口"菜单的"拆分"命令或拖动垂直滚动条顶端的按钮可以拆分窗口。

（5）观察窗口底部的状态栏，了解插入点当前位置、文档总页码和当前页码。

7．了解任务窗格

（1）打开和关闭任务窗格

单击"视图"→"任务窗格"命令，在窗口的右边会打开任务窗格，再一次单击"视图"→"任务窗格"命令则会关闭任务窗格。快捷键 Ctrl+F1 与单击"视图"→"任务窗格"命令功能相同。

单击任务窗格右上角的"✖"按钮也可以关闭任务窗格。

（2）了解任务窗格

单击任务窗格右上角的"▼"按钮，会弹出任务快捷菜单，可以观察任务窗格包含的任务，单击快捷菜单中的相应菜单项即可切换到不同的任务。

8．工具栏的简单操作

（1）打开和关闭工具栏

默认情况下，"常用"、"格式"工具栏处于打开状态，要打开其他工具栏或关闭已经打开的工具栏一般有两种方法，一是在工具栏的空白处（一般在工具栏的右边有空白处）单击右键，一是选择菜单"视图"→"工具栏"命令，这两种操作会出现与工具栏有关的快捷菜单或子菜单，如图 3-9 所示。

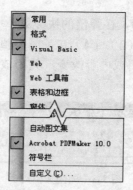

图3-9　工具栏菜单

工具栏名称的左端如有符号☑，表明该工具栏处于打开状态，没有符号则表明该工具栏处于关闭状态。单击工具栏名称，工具栏会在打开和关闭两种状态之间切换。

（2）改变工具栏的位置

当工具栏停靠在窗口边沿时，工具栏的左端有一个移动手柄▮，拖动该手柄可以将工具栏拖到窗口中间成为浮动工具栏，或拖动到其他边沿停靠。

当工具栏处于浮动状态时，拖动工具栏名称处（类似于窗口的标题栏），可以改变工具栏在窗口中的位置，或使其停靠在窗口边沿。

四、思考提高

1. 恢复一个已破坏的 Word 文档

如果文档打开不正常，可以使用如下几种办法来恢复其中保存的所有或者大部分信息：

（1）复制到新的文档。可以拷贝文档中除了最后一个段落标志之外的所有对象至一个新的文档。Word 在段落标志中保存大量信息，而文档中的最后一个段落标志包含更多信息，包括关键节和样式数据。在许多情况下，Word 文档中的最后一个段落标志也包含文档的破坏信息。此时，将其余对象全部拷贝至新的文档可以解决问题。

（2）将整个文档保存为另一种格式，例如低版本的 Word 文档、RTF、HTML 或者 WPS。可能会丢失只有 Word 文档格式支持的元素，但这样做常常可以解决问题。将文档分块拷贝至一个新的文档，一次拷贝一块，每次拷贝后均保存新文档。这样可以大概找到文档破坏信息存在的位置。通常情况下，问题只是存在于一个可能无关紧要的图像中，或者是特定的段落中。去掉这些有问题的地方，并拷贝破坏信息前后的所有其他元素。可以尽可能地挽救文档。

（3）在一个新的文档中使用"插入"→"文件"命令，在新文档中插入已破坏的文档。

（4）在草稿模式下浏览文件。单击"工具"→"选项"命令，在"选项"对话框中选择"视图"选项卡，然后选中"草稿字体"复选框，单击"确定"按钮。

（5）使用"从任意文件中恢复文本"功能。Word 文件被破坏后，可以使用"从任意文件中恢复文本"功能来打开文件。在 Word 2003 中，"从任意文件中恢复文本"功能作为默认安装的一部分安装。如果没有，则可以重新将它装上。使用这种功能可能非常有效，但它会清除格式化文件中除文本之外的对象。

操作步骤如下：

（1）单击"文件"→"打开"命令。

（2）在"打开"对话框中的"文件类型"下拉框中选择"从任意文件中恢复文本"选项。

（3）选择需要打开的被破坏文件。然后单击"打开"按钮。如果最后一次成功保存文件时，打开了 Word 的快速保存功能，则文本可能不会按正确的顺序显示，但是大部分文本均可找到。

注意：使用"从任意文件中恢复文本"功能以后，一定要将"文件类型"下拉框中的设置修改为原有设置；否则 Word 将使用"从任意文件中恢复文本"功能处理下一个打开的文档。

（6）使用"检测与修复"功能，在 Word 2003 中，可以利用"检测与修复"功能来修复被破坏的文件。单击"帮助"→"检测并修复"命令。运行这个修理程序，可以自动校验并重新安装成功运行 Word 所需要的文件和注册表项目。检测和修理用户计算机中的原始安装状态和当前状态之间的差别，并可以处理出现的问题。

2．如何删除 Word 最近打开文件的记录

要删除"文件"菜单中最近使用的文件，以保护隐私，可以采用如下方法：

（1）删除全部打开过的文件

选择"工具"→"选项"命令，在"常规"选项卡下，把"列出最近所用文件"项前边的勾去掉，或把其后的数据改为 0。

（2）有选择性地删除部分条目

按"Ctrl+Alt+-"组合键（先用一只手按住一个 Ctrl 键和一个 Shift 键，再用另一只手按一下主键盘上的减号键），鼠标指针变成一个黑色粗横杠，单击"文件"菜单，再在最近打开的文档栏目内单击要删除的文档名即可。

（3）删除 XP 中"我最近的文档"中的记录

以上两步只是将 Word 中的记录清除了，但操作系统中在"我最近的文档"仍然有记录。要清除"我最近的文档"的记录，右键单击任务栏上的"开始"按钮，选择"属性"命令，在"任务栏和[开始]菜单属性"对话框中选择"自定义[开始]菜单"选项卡，单击选项卡中的"自定义"按钮，在"自定义[开始]菜单"对话框中选择"高级"选项卡，最后单击"清除列表"按钮。

五、学习资源

Word 简史

Microsoft Word 是微软公司的一个文字处理器应用程序。它最初是由 Richard Brodie 为了运行 DOS 的 IBM 计算机而在 1983 年编写的。随后的版本可运行于 Apple Macintosh（1984 年）、SCO UNIX 和 Microsoft Windows（1989 年），并成为了 Microsoft Office 的一部分。

1．作用

使用 Microsoft Office Word 可以创建和编辑信件、报告、网页或电子邮件中的文本和图形。

MS-DOS 计算机开发的 Word 的第一代于 1983 年底发行，但是反响并不好，销售落后于 WordPerfect 等对手产品。尽管如此，在 Macintosh 系统中，Word 在 1985 年发布以后赢得了广泛的接受，尤其是对于在两年以后第二次大型发布的 Word 3.01 for Macintosh（Word 3.00 由于有严重 bug 很快下线）。和其他 Mac 软件一样，Word for Mac 是一个真正的（所见即所得）编辑器。

由于 MS-DOS 是一个字符界面系统，Word for DOS 是为 IBM PC 研发的第一个文本编辑器，在编辑的时候屏幕上直接显示的是"黑体"、"斜体"等字体标识符，而不是"所见即所

得"。其他的 DOS 文本编辑器，如 WordStar 和 WordPerfect 等，在屏幕显示时使用的是简单文本显示加上标识代码，或者加以颜色区别。

尽管如此，和大多数 DOS 软件一样，程序为了执行特定的功能，都有自己特殊的，而且往往是复杂的命令组需要使用者去记忆（比如在 Word for DOS 中，保存文件需要依次执行 Escape-T-S），而大部分秘书们已经知道如何使用 WordPerfect，公司就不大愿意更换成对手产品，何况提供的新优点有限。

2. Word 的 1990 年到 1995 年

Microsoft Word 6.0（Windows 98）

第一个 Windows 版本的 Word 发售于 1989 年，价格是 500 美元。在 Windows 3.0 发行之后的一年，销售开始好转（Word 1.0 与 Windows 3.0 的协作比先前版本更好）。制作一个 Windows 版 WordPerfect 的失败已证实为致命的错误。它是 Word 2.0 版本，但是却作为市场主流坚实地发展起来。

Word 在苹果机市场上没有强大的竞争对手，尽管有程序像 Nisus Writer 提供"不连续的选择"等的特色功能，这些功能直到 Office XP 中的 Word 2002 才添加。另外，一些用户抱怨 Word 没有在 1987 年的 3.01 版与 1991 年的 5.0 版之间实行大的检查。相对于它的易用性和特色功能来说，由于典雅，苹果机的 Word 5.1 是一个主流的文字处理器。但是 1994 年发布的苹果机的 6.0 版却受到了广泛的嘲笑。这是 Word 第一个基于 Windows 和 Mac 之间通用代码的版本；许多人抱怨它慢、简陋及占过多内存。Windows 版本也计入 6.0 在内以协调跨越不同平台的产品命名（尽管事实上最早的 Windows 版本为 Word 2.0）。

Word 的较晚版本拥有比文字处理更多的功能。绘图工具可进行简单的桌面出版运作，如在文件中加设图像。近年来已增设 Collaboration、文件校对、多语言支持与及其他功能。

3. Word 2007

Word 2007 是 Microsoft Office 2007 的一部分，是继 Word 2003 后的正式开发的版本。这个发行版包括了对新的基于 XML 文件格式的支持。简体中文版已经于 2006 年底发布。

4. 格式

Microsoft Word 在当前使用中是占有巨大优势的文字处理器，这使得 Word 专用的文件格式 Word 文件（.doc）成为事实上最通用的标准。Word 文件格式的详细资料并不对外公开。Word 文件格式不只一种，因为随 Word 软件本身的更新，文件格式也会或多或少的改版，新版的格式不一定能被旧版的程序读取（大致上是因为旧版并未内建支持新版格式的能力）。微软已经详细公布 Word 97 的 doc 格式，但是较新的版本资料目前仍未公开，只有公司内部、政府与研究机构能够获知。业界传闻说某些 Word 文件格式的特性甚至连微软自己都不清楚。

其他与 Word 竞争的办公室作业软件，都必须支持事实上最通用的 Word 专用的文件格式。因为 Word 文件格式的详细资料并不对外公开，通常这种兼容性是藉由逆向工程来达成。许多文字处理器都有导出、导入 Word 文件专用的转换工具，譬如 AbiWord 或 OpenOffice.org（参照文本编辑器当中关于其他竞争软件的说明）。Apache Jakarta POI 是一个开放原始码的 Java 数据库，其主要目标是存取 Word 的二进制文件格式。不久前，微软自己也提供了查看器，能够不用 Word 程序就查看 Word 文件，如 Word Viewer 2003。

Word 97 到 Word 2003 之前的 Word 文件格式都是二进制文件格式。不久以前，微软声明他们接下来将以 XML 为基础的文件格式作为他们办公室套装软件的格式。Word 2003 提供 WordprocessingML 的选项。这是一种公开的 XML 文件格式，由丹麦政府等机构背书支持。

Word 2003 的专业版能够直接处理非微软的文件规格。

跟其他 Microsoft Office 程序一样，Word 可使用固定宏语言（宏语言）来高度定制（最初是 WordBasic，但自从 Word 97 以来就变成 Visual Basic）。然而，这种性能也可以在文档中嵌入像梅利莎蠕虫的电脑病毒。这就是电脑用户需要安装防火墙和反病毒软件的另一个原因。

人们所知道的第一个感染 Microsoft Word 文档的病毒叫做概念病毒，一个相对危害很小的病毒，它的出现是为了证明宏病毒出现的可能性。

实训 3-2　Word 2003 文档编辑

一、实训目的

1．学会新建、保存 Word 文档的方法。
2．掌握文本的录入、选择和基本的编辑方法。

二、实训内容

1．以指定模板新建一个 Word 文档。
2．以默认模板新建一个 Word 文档，并录入以下指定内容。

订一个计划（Make a plan）

工作中总是丢三落四，每次你办事的时候总是缺东少西，好象你需要的每一样东西都故意和自己作对，需要它们的时候总是找不到。其实这些都是源于你办事杂乱无章，缺乏一个切实可行的计划。即便你总能在满头大汗之后完成工作，但由于不能合理地分配时间、充分地利用资源，也会给上司留下一个毛糙的印象，以致于不敢委以重任。

不守时（No punctual）

无论是上班还是开会，你都会迟到几分钟，总让大家等你一个人。也许你并没有在意，但就是那几分钟，已经足够引发大多数人对你的抱怨。人们会认为你自由散漫，没有学会尊重别人。久而久之，以后的各项活动就有可能把你排斥在外。

3．按如下要求对录入的文本进行选择，并将选择的文本复制到空白文档中，复制的内容应单独成一个段落。

①选择"工作中总是……"段落的第 1 行；
②选择"工作中总是……"段落的第 1 句；
③选择"无论是……"段落；
④选择"无论是……"段落的第 2、3 行；
⑤选择"工作中总是……"段落中"丢三落四"；
⑥选择"无论是……"段落中"各项活动"；
⑦选择"工作中总是……"段落中"需要它们的时候总是找不到"。

4．对录入的文本进行编辑。

三、操作指导

1．以指定模板新建一个 Word 文档

Word 在新建文档时需要一个"模板"提供数据，以确定文档的各种参数才能完成新建任务。本任务要求以"专业性简历"为模板新建一个 Word 文档。

（1）按图 3-10 新建文档。

图 3-10 以指定模板新建文档

（2）在有中括号[ ]的地方单击，输入自己的一些信息，原来的提示信息被输入的内容替换，如图 3-11 所示。

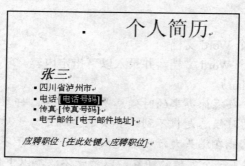

图 3-11 在模板中输入信息

（3）将文件以"XX 简历.DOC"保存在系统的"我的文档"文件夹中。

"现代型简历"模板是一个比较简单的模板，不需要进行复杂的设置。而复杂一些的模板会以向导方式出现，用户需要回答一系列文档内容和文档格式方面的问题，才能够完成新建任务。

2. 新建 Word 文档并录内容

（1）单击"文件→新建"菜单命令会打开"新建文档"任务窗格，或打开任务窗格后在任务列表中选择"新建文档"任务。在"新建"栏中单击"空白文档"则会以"默认模板"新建一个空白文档。或者单击"常用"工具栏上的"🗋"按钮，也会以"默认模板"新建一个空白文档。

"默认模板"的正式名称是"Normal.dot"，保存在"系统盘:\Documents and Settings\用户\Application Data\Microsoft\Templates"。默认模板的主要设置如下：

纸张大小：A4

页边距：上 2.54cm（1 英寸）、下 2.54cm、左 3.17cm（1.5 英寸）、右 3.17cm

正文字体：宋体 5 号、单倍行距、无缩进

（2）选择一种汉字输入法（推荐搜狗拼音输入法），输入实训任务中的楷体文字。该段文字包括了汉字和英文大小写字母，输入过程中注意中英文的切换。

（3）将文档以"生活中需要注意的细节"为文件名（保存类型为"Word 文档"）保存在

系统的"我的文档"文件夹中，然后关闭 Word 应用程序。

由于该文档是首次保存，选择"文件"→"保存"菜单命令，或单击"常用"工具栏"保存"按钮""，或使用快捷键 Ctrl+S，将弹出"另存为"对话框，在对话框的左侧选择"我的文档"作为保存位置，注意将默认的文件名"订一个计划"改为"生活中需要注意的细节"。

3．选择文本

（1）打开刚才保存的"生活中需要注意的细节"文档，同时再新建一个空白文档。

（2）文本选择的方法繁多，初学者很难找到头绪，其实这些方法是针对选择对象的特点来提高选择的准确性和效率的。

①选择一行的最快捷方法是将鼠标移动到该行对应的文本选择区（左页边距区域）单击鼠标。

②一句是以句号结尾的文字集合，选择一句最快捷的方法是按住 Ctrl 键，在该句的任意位置单击。

③选择段落的方法有两种，一是鼠标在该段落中的任意位置快速三次击键（三击）；一是将鼠标移动到该段对应的文本选择区双击鼠标。

④选择多行较好的方法是将鼠标移动到文本选择区，在第一行的位置单击，然后拖动鼠标到最后一行处放开鼠标。

⑤"丢三落四"是一个 4 字词汇，选择词汇的最佳方法是用鼠标双击该词汇。

⑥要注意识别"各项活动"不是 4 字词汇，只能用基本的选择方法，在"各"字的前面单击鼠标，拖动鼠标到"动"字的后面放开鼠标。

⑦"需要它们的时候总是找不到"没有任何特征，只能采用基本选择方法进行选择。

提示：将选择的内容复制并粘贴到新建文档中的方法参见本实训的"文本编辑"部分。

4．文本编辑

（1）为文章输入一个标题

在文本的最前面插入一行作为标题，内容为"生活中需要注意的细节"。

把插入点定位在文件首，再输入新的内容，再按回车使标题成为独立的一行。插入新的内容的关键是定位插入点，新输入的文本将在插入点处产生，同时插入点自动向后移动。移动插入点的基本方法是用鼠标单击。

（2）复制文本

把标题"生活中需要注意的细节"复制到"不守时"的前面，使其单独成为一个段落。

先把标题行"生活中需要注意的细节"选中，再单击"常用"工具栏上的"复制"按钮，把内容复制到剪贴板上，然后把插入点定位到"不守时"前，单击"常用"工具栏上的"粘贴"按钮。

利用快捷键进行复制粘贴是比较好的方法，快捷键分别是 Ctrl+C（复制）和 Ctrl+V（粘贴）。也可利用鼠标拖曳文本实现。即选择要复制的文本，再把鼠标指针移到选定的文本区域上，按下 Crtl 键的同时拖曳鼠标到目标位置，释放鼠标。任何一种复制方法都可以在同一文档或不同文档之间进行复制。

（3）移动文本

把"订一个计划（Make a plan）……以致于不敢委以重任。"移动到文章的最后。

选中"订一个计划（Make a plan）……以致于不敢委以重任。"，按住鼠标左键，拖动鼠标到文档的最后，释放鼠标左键。

移动文本的操作方法与复制文本相似，其差异是移动需要"剪切"、"粘贴"命令配合，或在拖动鼠标时不按 Crtl 键。

（4）替换文本

把文档中所有的"你"替换成"他"。

单击"编辑"→"替换"菜单命令，弹出"查找和替换"对话框，在"查找内容"文本框中输入"你"，在"替换为"文本框中输入"他"，单击"全部替换"按钮，即完成任务。

（5）删除文本

把英文"No punctual"删除。

选中"No punctual"文本，单击 Delete 键。

四、思考提高

1．在 Word 中编辑的文档可以保存为哪些文档格式？

2．怎样将一个设置好格式的 Word 文档转换为无格式的文档？将一个无格式文档在 Word 中打开，文档内容是否有格式？

3．查找替换中的"高级"，包含哪些内容？

五、考核方法

1．模板选用正确 10 分，内容是否修改 10 分，保存文件名称、位置是否正确 10 分。

2．将要求选择的文本复制到新文档中 20 分。

3．编辑后的文档内容是否符合要求 50 分，不符合要求的部分酌情扣分。

六、学习资源

1．用键盘选择的技巧

按键	功能
Shift+→	选择插入点后的一个字符。多按一次→键则多选一个字符
Shift+←	选择插入点前的一个字符。多按一次←键则多选一个字符
Shift+↓	选择插入点到下一行的最接近位置
Shift+↑	选择插入点到上一行的最接近位置
Shift+Home	选择插入点到本行行首
Shift+End	选择插入点到本行行尾
Shift+Ctrl+Home	选择插入点到文档头
Shift+Ctrl+End	选择插入点到文档尾

2．选择矩形区域

按住 Alt 键，然后单击鼠标并拖动鼠标，鼠标的起点和终点围成一个矩形区域，被该区域完全包含的字符将被选择。由于矩形区域包含了多行，当进行粘贴后，所选内容也将分布到多行。这一技巧常用于复制粘贴单行段落的序号，如图 3-12 所示。

3．跨页或跨屏选择

当需要选择的文本处于不同页，或超过屏幕的显示范围，先将插入点定位到待选文本的头部，双击窗口底部状态栏上的"扩展"，使其由灰色变为黑色，然后通过翻页或滚动屏幕找到待选文本的尾部，用鼠标单击待选文本的尾部即可选定。最后再次双击状态栏上的"扩展"，使其由黑色变为灰色。

图 3-12　正确运用矩形选区

实训 3-3　Word 2003 文档排版

一、实训目的

1．学会字符的格式化的方法。
2．学会段落的格式化的方法。
3．掌握项目符号和编号的使用。
4．学会分栏的操作方法。

二、实训内容

将如下文档按图 3-13 进行排版：

Word 2003 简介

Word 是什么？

Word 在这里不是一个普通的英语单词，而是一个专用名词，其全称为 Microsoft Word，是微软公司的一个文字处理应用软件，Word 后面的数字代表软件的版本。

Word 2003 作为微软公司的 Office 系列办公软件的组件之一，是目前世界上最流行的文字处理软件，Word 的文档格式也成为了一种文档标准。它具有强大的编辑排版功能和图文混排功能，可以方便地编辑文档、生成表格、插入图片、动画和声音等，实现"所见即所得"的效果；利用 Word 提供的向导和模板，能快速地创建各种业务文档，提高工作效率；同时 Word 也拥有强大的网络功能。

Word 是 Windows 环境下的文字处理软件，其版本从 Word 5.0、Word 6.0 发展到现在的 Word 2003 以及更高版本的 Word 2007。发展到 Word 2003 中文版时，Word 已经具备了相当完备的编辑、排版等功能，能够胜任办公中的各种应用。

Word 2003 的主要功能如下：

编辑修改功能

格式设置功能

自动化功能

表格处理功能

图文混排功能

Web 工具

文档保密功能

Word 2003 用来做什么？

总体来说，Word 2003 可以完成文字处理和排版。

通常狭义的文字处理指利用计算机对各种宣传文件、日志、报告、报表等文字资料的输入、编辑、排版、修改、复制、存储和打印，合并资料，控制资料的显示和打印格式，以及用随机字典进行拼写检查等等。广义的文字处理还包括段落设置或图标制作等。而排版则是把文字、图形进行合理的排列调整，使版面达到美观的视觉效果。包含版式设置，如页边距、页眉、页脚、页码、尾注、目录、索引等。

因此我们可以利用 Word 2003 完成书写报告、申请、总结或自荐书等文字处理工作；也可以利用 Word 2003 完成书籍、报纸、广告等排版工作。

图 3-13　排版效果

三、操作指导

1. 新建一个空白 Word 文档，将"实训内容"中的楷体文字输入文档中。

2. 该文档包含字符格式设置、段落格式设置、自动编号设置、分栏、边框设置、行间距设置、缩进、首字下沉设置、底纹设置等。

设置格式的一般方法是先选择待设置的对象，再利用"格式"工具栏或"格式"菜单的相应命令进行设置。

（1）字符格式设置

选定文档标题，将其设置为 Times New Roman 字体，二号字，倾斜，下划线。

依次选定二级标题"Word 是什么？"、"Word 2003 用来做什么？"，将其设置为 Times New Roman 字体，四号字。

其余文字设置为 Times New Roman 字体，小四号字。

提示：将汉字字体设置为 Times New Roman 字体并不会改变它原来的字体，只会影响文本中的西文字符。

以上设置可以全部通过"格式"工具栏完成，如图 3-14 所示。

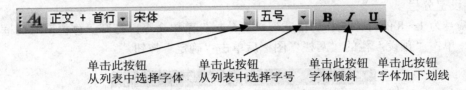

图 3-14　设置字符格式

（2）段落格式设置

选定文档标题，设置对齐方式为"居中对齐"，行间距为 2.5 倍行距，段前段后为 16 磅，无缩进。

选中二级标题"Word 是什么？"、"Word 2003 用来做什么？"，将其设置为"左对齐"，行间距为 1.7 倍行距，段前段后为 13 磅，无缩进。

段落"Word 2003 的主要功能如下"设置为"居中对齐"，单倍行距，段前段后为 0.5 行，无缩进。

其余段落设置为"两端对齐"，行距为固定值 18 磅，无缩进，特殊格式为"首行缩进"2 字符。

由于"格式"工具栏对段落格式的控制能力较弱，因此在进行较为精确的设置时多利用"段落"对话框。选择"格式"→"段落"菜单命令，打开"段落"对话框，如图 3-15 所示。

图 3-15　设置段落格式

在"常规"栏设置对齐方式，"缩进"栏设置缩进与特殊格式，"间距"栏设置段间距与行间距。当默认的设置单位与要求的单位不一致时，将默认的单位删除，输入要求的单位即可。如默认的段间距单位为"行"，要求设置段前段后为 13 磅，则删除"行"字，输入"磅"字。

（3）设置自动编号

选中"编辑修改功能"到"文档保密功能"之间的 7 个段落，单击"格式"工具栏上的"自动编号"按钮"三"，每个段落自动添加了编号 1～7。

将插入点定位到"文档保密功能"之后，按 Enter 键，文档增加了一个段落，并自动编号为 8。在编号 8 后输入"其他功能"。

（4）设置分栏

选中编号为 1～8 的行，选择"格式"→"分栏"菜单命令，打开"分栏"对话框，如图 3-16 所示。单击"预设"栏的"两栏"图标后单击"确定"按钮。

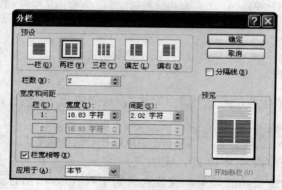

图 3-16 设置分栏

（5）设置首字下沉

分别将插入点定位到"Word2003……"和"通常……"段落，选择"格式"→"首字下沉"菜单命令，单击"位置"栏的"下沉"图标后单击"确定"按钮如图 3-17 所示。

图 3-17 设置首字下沉

如要撤消首字下沉或改变下沉参数，再次选择"格式"→"首字下沉"菜单命令，在"位置"或"选项"栏进行相应改变即可。

（6）设置边框和底纹

分别选中二级标题"Word 是什么？"、"Word 2003 用来做什么？"，选择"格式"→"边框和底纹"菜单命令，打开"边框和底纹"对话框。"边框"设置如图 3-18 左图所示。"底纹"

设置如图 3-18 右图所示，"填充"栏第一行第四个小方框代表"灰色-12.5%"。

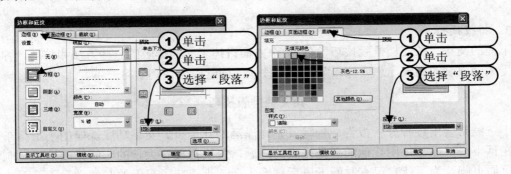

图 3-18　设置边框和底纹

设置完以上（1）～（6）项后，排版效果应与效果图一致，如果有不一致的地方，应检查各项设置参数是否正确，特别是行间距、段间距、段落缩进最容易影响排版效果。

四、思考提高

1．有没有同时设置字符格式和段落格式的方法？
2．除以上六种格式外，还有哪些格式设置方法？
3．要将自动编号改为其他形式该怎样操作？

五、考核方法

1．整体排版效果与效果图的相似程度 25 分。
2．各段落字体设置是否正确 15 分。
3．段落间距、缩进、对齐设置 20 分。
4．分栏 15 分，首字下沉 10 分，边框底纹 15 分。

六、学习资源

1．格式设置技巧
（1）格式刷
当选择的对象是字符时，格式刷复制的是字符格式，这时不管用格式刷去刷字符还是刷段落，都只能改变字符的格式；当选择的对象是段落时，格式刷复制的是段落格式，这时用格式刷去刷段落则段落格式被改变，而用格式刷去刷字符时段落格式不会改变，只能改变字符格式。

在选定对象后双击格式刷按钮，则格式刷可无限次使用，直到再次单击格式刷（或按 Esc 键）为止。

（2）设置上下标
选定文字，然后按住组合键"Ctrl+=（等号）"，被选文字变为下标，再按一次该组合键被选文字恢复为正常字符；按住组合键"Ctrl+Shift+="，被选文字变为上标，再按一次该组合键被选文字恢复为正常字符。

（3）改变字号
选定文字，然后按住组合键"Ctrl+]（右中括号）"，被选文字变大，每按一次该组合键字号增加 1 磅；按住组合键"Ctrl+ [（左中括号）"，被选文字变小，每按一次该组合键字号减小 1 磅。

2. 排版技巧

下面的文章"长文档排版技巧"分 7 个方面讲述了文档排版的一些方法和技巧，弥补了教材受大纲限制的局限，想要深入掌握排版技能的同学应该认真学习一下。

长文档排版技巧

小王经常要出各种分析报告，一写就是洋洋洒洒几十页。文字功底深厚的小王写东西自然不在话下，然而每每困扰他的却是排版的问题，每次都要花大量的时间修改格式、制作目录和页眉页脚。为了让自己有时间下班后享受生活，小王花了半天的时间学习了一下长文档的排版技巧，这才发现，这半天的时间，可以让他享受无数个闲暇的傍晚和周末。小王把自己的体会重点总结为两点：

● 　制作长文档前，先要规划好各种设置，尤其是样式设置。

● 　不同的篇章部分一定要分节，而不是分页。

（1）设置纸张和文档网格

这份报告要求的格式是：A4 纸；要有封面和目录；单面打印；除封面和目录外，每页的页眉是报告的题目；页码一律在页面底端的右侧，封面和目录没有页码，目录之后为第 1 页。

写文章前，不要上来就急于动笔，先要找好合适大小的"纸"，这个"纸"就是 Word 中的页面设置。

通常纸张大小都用 A4 纸，所以可采用默认设置。有时也会用 B5 纸，只需从"纸张大小"中选择相应类型的纸即可。

很多人习惯先录入内容，最后再设纸张大小。由于默认是 A4 纸，如果改用 B5 纸，就有可能使整篇文档的排版不能很好地满足要求。所以，先进行页面设置，可以直观地在录入时看到页面中的内容和排版是否适宜，避免事后的修改。

（2）设置样式

现在，还是不用急于录入文字，需要指定一下文字的样式。通常，很多人都是在录入文字后，用"字体"、"字号"等命令设置文字的格式，用"两端对齐"、"居中"等命令设置段落的对齐，但这样的操作要重复很多次，而且一旦设置的不合理，最后还要一一修改。

熟悉 Word 技巧的人对于这样的格式修改并不担心，因为他可以用"格式刷"将修改后的格式一一刷到其他需要改变格式的地方。然而，如果有几十个、上百个这样的修改，也得刷上几十次、上百次，岂不是变成白领油漆工了？使用了样式就不必有这样的担心。

样式是什么？简单地说，样式就是格式的集合。通常所说的"格式"往往指单一的格式，例如，"字体"格式、"字号"格式等。每次设置格式，都需要选择某一种格式，如果文字的格式比较复杂，就需要多次进行不同的格式设置。而样式作为格式的集合，它可以包含几乎所有的格式，设置时只需选择某个样式，就能把其中包含的各种格式一次性设置到文字和段落上。

样式在设置时也很简单，将各种格式设计好后，起一个名字，就可以变成样式。而通常情况下，我们只需使用 Word 提供的预设样式就可以了，如果预设的样式不能满足要求，只需略加修改即可。

"正文"样式是文档中的默认样式，新建的文档中的文字通常都采用"正文"样式。很多其他的样式都是在"正文"样式的基础上经过格式改变而设置出来的，因此"正文"样式是 Word 中最基础的样式，不要轻易修改它，一旦它被改变，将会影响所有基于"正文"样式的其他样式的格式。

"标题 1"～"标题 9"为标题样式，它们通常用于各级标题段落，与其他样式最为不同的是标题样式具有级别，分别对应级别 1～9。这样，就能够通过级别得到文档结构图、大纲和目录。在如图 3 所示的样式列表中，只显示了"标题 1"～"标题 3"的 3 个标题样式，如果标题的级别比较多，可在"显示"下拉列表中选择"所有样式"，即可选择"标题 4"～"标题 9"样式。

现在，规划一下文章中可能用到的样式。

对于文章中的每一部分或章节的大标题，采用"标题 1"样式，章节中的小标题，按层次分别采用"标题 2"～"标题 4"样式。

文章中的说明文字，采用"正文首行缩进 2"样式。

文章中的图和图号说明，采用"注释标题"样式。

规划结束之后，即可录入文字了。

首先，录入文章第一部分的大标题，如图 1 所示。注意保持光标的位置在当前标题所在的段落中。从菜单选择"格式"→"样式和格式"命令，在任务窗格中单击"标题 1"样式，即可快速设置好此标题的格式，如图 2 所示。

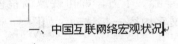

一、中国互联网络宏观状况

图 1　　　　　　　　　　　　　　　　图 2

用同样的方法，即可一边录入文字，一边设置该部分文字所用的样式。文章的部分内容录入和排版之后的效果如图 3 所示。为了方便对照，图中左侧列出了对应文章段落所用的样式。

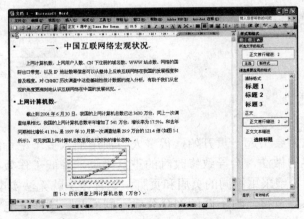

图 3

在录入和排版过程中，可能会经常在键盘和鼠标之间切换，这样会影响速度。对样式设置快捷键，就能避免频繁使用鼠标，提高录入和排版速度。

文档中的内容采用系统预设的样式后，格式可能不完全符合实际需要。例如，"标题 1"

样式的字号太大，而且是左对齐方式，希望采用小一点的字号，并居中对齐。这时可以修改样式。

选中采用了"标题 1"样式的某段文字，例如"一、中国互联网络宏观状况"，然后利用"格式"工具栏设置字号和居中对齐。注意文章中所有采用"标题 1"样式的文字和段落都会一起随之改变格式，不用再像以前那样用格式刷——改变其他位置的文字的格式。

因此，使用样式带来的好处之一是大大提高了格式修改的效率。

（3）查看和修改文章的层次结构

文章比较长，定位会比较麻烦。采用样式之后，由于"标题 1"～"标题 9"样式具有级别，就能方便地进行层次结构的查看和定位。

从菜单选择"视图"→"文档结构图"命令，可在文档左侧显示文档的层次结构，如图 4 所示。在其中的标题上单击，即可快速定位到相应位置。再次从菜单选择"视图"→"文档结构图"命令，即可取消文档结构图。

如果文章中有大块区域的内容需要调整位置，以前的做法通常是剪切后再粘贴。当区域移动距离较远时，同样不容易找到位置。

从菜单选择"视图"→"大纲"命令，进入大纲视图。文档顶端会显示"大纲"工具栏。在"大纲"工具栏中选择"显示级别"下拉列表中的某个级别，例如"显示级别 3"，则文档中会显示从级别 1 到级别 3 的标题。

如果要将"用户职业"部分的内容移动到"用户年龄"之后，可将鼠标指针移动到"用户职业"前的十字标记处，按住鼠标拖动内容至"用户年龄"下方，即可快速调整该部分区域的位置。这样不仅将标题移动了位置，也会将其中的文字内容一起移动，如图 5 所示。

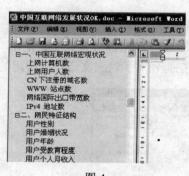

图 4　　　　　　　　　　　　　　　　　图 5

（4）对文章的不同部分分节

文章的不同部分通常会另起一页开始，很多人习惯用加入多个空行的方法使新的部分另起一页，这是一种错误的做法，会导致修改时的重复排版，降低工作效率。另一种做法是插入分页符分页，但如果希望采用不同的页眉和页脚，这种做法就无法实现了。

正确的做法是插入分节符，将不同的部分分成不同的节，这样就能分别针对不同的节进行设置。

定位到第二部分的标题文字前，从菜单选择"插入"→"分隔符"命令，显示"分隔符"对话框。选择"分节符"类型中的"下一页"，并单击"确定"按钮，就会在当前光标位置插入一个不可见的分节符，这个分节符不仅将光标位置后面的内容分为新的一节，还会使该节从新的一页开始，实现既分节，又分页的功能。

用同样的方法对文章的其他部分分节。

对于封面和目录，同样可以用分节的方式将它们设在不同的节。在文章的最前面输入文章的大标题和目录，如图 6 所示，然后分别在“目录”文字前和“一、中国互联网络宏观状况”文字前插入分节符。

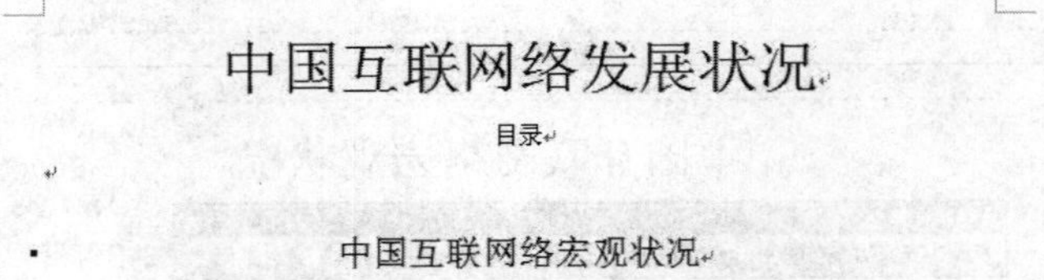

中国互联网络发展状况
目录
中国互联网络宏观状况

图 6

如果要取消分节，只需删除分节符即可。分节符是不可打印字符，默认情况下在文档中不显示。在工具栏单击“显示/隐藏编辑标记”按钮“ ”，即可查看隐藏的编辑标记。图 7 和图 8 分别显示了不同节末尾的分节符。

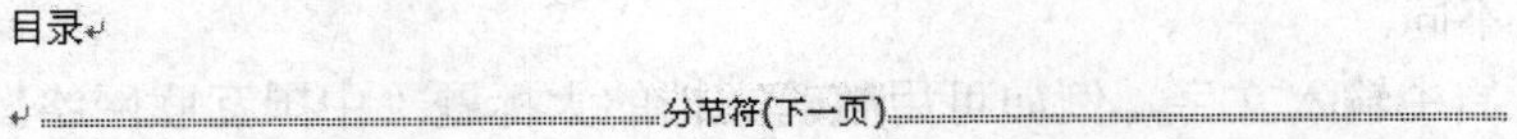

目录
分节符(下一页)

图 7

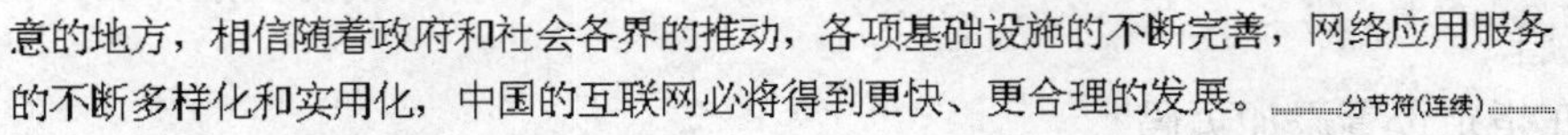

意的地方，相信随着政府和社会各界的推动，各项基础设施的不断完善，网络应用服务
的不断多样化和实用化，中国的互联网必将得到更快、更合理的发展。
分节符(连续)

图 8

在段落标记和分节符之间单击，按 Delete 键即可删除分节符，并使分节符前后的两节合并为一节。

（5）为不同的节添加不同的页眉

利用“页眉和页脚”设置可以为文章添加页眉。通常文章的封面和目录不需要添加页眉，只有正文开始时才需要添加页眉，因为前面已经对文章进行分节，所以很容易实现这个功能。

设置页眉和页脚时，最好从文章最前面开始，这样不容易混乱。按 Ctrl+Home 快捷键快速定位到文档开始处，从菜单选择“视图”→“页眉和页脚”命令，进入“页眉和页脚”编辑状态，如图 9 所示。

页眉 - 第 1 节 -
页眉和页脚
插入“自动图文集”(S)
关闭(C)

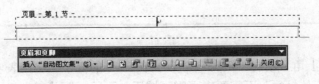

图 9

注意在页眉的左上角显示有“页眉　-　第 1 节　-”的提示文字，表明当前是对第 1 节设

置页眉。由于第 1 节是封面，不需要设置页眉，因此可在"页眉和页脚"工具栏中单击"显示下一项"按钮"  "，显示并设置下一节的页眉。

第 2 节是目录的页眉，同样不需要填写任何内容，因此继续单击"显示下一项"按钮。

第 3 节的页眉如图 10 所示，注意页眉的右上角显示有"与上一节相同"提示，表示第 3 节的页眉与第 2 节一样。如果现在在页眉区域输入文字，则此文字将会出现在所有节的页眉中，因此不要急于设置。

图 10

在"页眉和页脚"工具栏中有一个"同前"按钮" "，默认情况下它处于按下状态，单击此按钮，取消"同前"设置，这时页眉右上角的"与上一节相同"提示消失，表明当前节的页眉与前一节不同。

此时再在页眉中输入文字，例如可用整篇文档的大标题"中国互联网络发展状况"作为页眉。后面的其他节无需再设置页眉，因为后面节的页眉默认为"同前"，即与第 3 节相同。

在"页眉和页脚"工具栏中单击"关闭"按钮，退出页眉编辑状态。

用打印预览可以查看各页页眉的设置情况，其中封面和目录没有页眉，目录之后才会在每页显示页眉。

（6）在指定位置添加页码

通常很多人习惯从菜单选择"插入"→"页码"命令插入页码，这样得到的页码，将会在封面和目录处都添加页码。而现在希望封面和目录没有页码，从目录之后的内容再添加页码，并且页码要从 1 开始编号。这同样要依赖分节的设置。

按 Ctrl+Home 快捷键快速定位到文档开始处，从菜单选择"视图"→"页眉和页脚"命令，进入"页眉和页脚"编辑状态，如图 11 所示。

在"页眉和页脚"工具栏中单击"在页眉和页脚间切换"按钮" "，显示页脚区域，如图 11 所示。

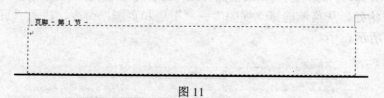

图 11

注意在页脚的左上角显示有"页脚 - 第 1 节 -"的提示文字，表明当前是对第 1 节设置页脚。由于第 1 节是封面，不需要在页脚区域添加页码，因此可在"页眉和页脚"工具栏中单击"显示下一项"按钮，显示并设置下一节的页脚。

第 2 节是目录的页脚，同样不需要添加任何内容，因此继续单击"显示下一项"按钮。

第 3 节的页脚如图 12 所示，注意页脚的右上角显示有"与上一节相同"提示，表示第 3 节的页脚与第 2 节一样。如果现在在页脚区域插入页码，则页码将会出现在所有节的页脚中，因此不要急于插入页码。

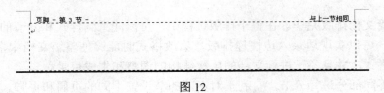

页脚 - 第 3 节 -　　　　　　　　　　　　　　　　　　　　　　　与上一节相同

图 12

在"页眉和页脚"工具栏中有一个"同前"按钮，默认情况下它处于按下状态，单击此按钮，取消"同前"设置，这时页脚右上角的"与上一节相同"提示消失，表明当前节的页脚与前一节不同。

这时再插入页码，就能让页码只出现在当前节及其后的节。

第 3 节之后的其他节无需再设置页码，因为页脚的默认设置为"同前"，而且页码格式默认设置均为"续前节"，将会自动为每一节编排页码。

用打印预览可以查看各页页脚的设置情况，其中封面和目录没有页码，目录之后才会在每页显示页码，并且目录之后的页码从 1 开始编号。

（7）插入目录

最后可以为文档添加目录。要成功添加目录，应该正确采用带有级别的样式，例如"标题 1"～"标题 9"样式。尽管也有其他的方法可以添加目录，但采用带级别的样式是最方便的一种。

定位到需要插入目录的位置，从菜单选择"插入"→"引用"→"索引和目录"命令，显示"索引和目录"对话框，单击"目录"选项卡，如图 13 所示。

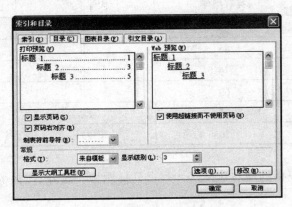

图 13

在"显示级别"中，可指定目录中包含几个级别，从而决定目录的细化程度。这些级别是来自"标题 1"～"标题 9"样式的，它们分别对应级别 1～9。

如果要设置更为精美的目录格式，可在"格式"中选择其他类型。通常用默认的"来自模板"即可。

单击"确定"按钮，即可插入目录。目录是以"域"的方式插入到文档中的（会显示灰色底纹），因此可以进行更新。

当文档中的内容或页码有变化时，可在目录中的任意位置单击右键，选择"更新域"命令，显示"更新目录"对话框，如果只是页码发生改变，可选择"只更新页码"。如果有标题内容的修改或增减，可选择"更新整个目录"。

（8）小结

至此，整篇文档排版完毕。在整个排版过程中，可以注意到样式和分节的重要性。

采用样式，可以实现边录入边快速排版，修改格式时能够使整篇文档中多处用到的某个样式自动更改格式，并且易于进行文档的层次结构的调整和生成目录。

对文档的不同部分进行分节，有利于对不同的节设置不同的页眉和页脚。

实训 3-4　Word 2003 表格

一、实训目的

1．学会表格的建立方法。
2．掌握表格的编辑、修改、属性设置方法。
3．掌握表格的格式化，以及表格自动套用格式的方法。
4．了解由表生成图的方法。

二、实训内容

1．新建规则表格，然后在表格中输入如表 3-1 所示的内容，表格标题为"学生成绩表"。

表 3-1　学生成绩表

	高等数学	大学英语	计算机基础
王志平	88	94	90
吴晓辉	85	88	93
张波	76	80	85
李丽萍	69	75	70
曾天	95	88	93
张欢欢	70	73	68

2．编辑表格，在表格的最右边插入一列，列标题为"总分"，并运用表格公式计算每位学生的总分。

3．设置表格格式，将表格第一行的行高设置为 50 磅，该行文本设置为粗体、小四号，并设置文本对齐为中部居中；其余各行的行高设置为 18 磅；将表格各列的宽度设置为等宽。

4．在表格的第一行第一列绘制一个斜线表头，设置插入的斜线表头样式为样式二，字体大小为五号，行标题为科目，数据标题为成绩，列标题为姓名。

5．套用表格样式，将表格应用样式"简明型 1"。

6．按照表 3-2 所示的样式，制作一个同样的表格并将自己班级的课程填入表中，并自由发挥对表格进行美化。

表 3.2　班级课程表

课次＼星期		星期一	星期二	星期三	星期四	星期五
上午	1、2 节					
	3、4 节					
午休						
下午	5、6 节					
	7、8 节					

三、操作指导

1. 创建规则表格

创建规则表格最快捷的方法是利用"常用"工具栏上的"插入表格"按钮"▦"。单击该按钮，按住鼠标左键并拖动，会拉出一个带阴影的用行数×列数表示的表格，如图 3-19 所示，释放鼠标左键，表格插入到文档中插入点处。

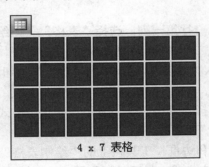

4 x 7 表格

图 3-19　插入规则表格

默认情况下，表格的宽度是整个版心的宽度，每一列的宽度相同，每一行的高度与插入表格处的字号有关，单元格中的字号与插入表格处的字号相同。

定位插入点到各单元格，输入表 3.1 中的内容和标题。

提示：若在文档的首页首行插入了表格而没有输入标题的位置，将插入点定位到表格的第一行第一列单元格后按 Enter 键，会在表格前产生一个空行。

2. 插入列

把光标移动到表格的最后一列中，选择"表格"→"插入"→"列（在右侧）"命令，插入一列，在第一行中输入列标题"总分"。将光标移到"总分"下的第一个单元格内，选择"表格"→"公式"命令，弹出"公式"对话框，在公式文本框中输入"=SUM(LEFT)"，单击"确定"按钮即可计算出第一位学生的总分。同理可以计算其他学生的总分。输入完成后，表格应如图 3-20 所示。

3. 设置表格属性

（1）选择表格的第一行，选择"表格"→"表格属性"命令，在弹出的"表格属性"对话框中选择"行"选项卡，选中"指定高度"复选框，在文本框中输入 50 磅。

（2）保持第一行为选中状态，用设置字符格式的方法将其设置为小四号、加粗。

学生成绩表

	高等数学	大学英语	计算机基础	总分
王志平	88	94	90	272
吴晓辉	85	88	93	266
张波	76	80	85	241
李丽萍	69	75	70	214
曾天	95	88	93	276
张欢欢	70	73	68	211

图 3-20   未设置格式的表格

（3）单击表格左上角的选择按钮"⊞"，选中整个表格，打开"表格和边框"工具栏，单击该工具栏上的"对齐"按钮，选择"中部居中"，如图 3-21 所示。

（4）选择表格第一行除外的各行，按设置第一行行高的方法设置行高为 18 磅。

（5）选择整个表格，单击"表格和边框"工具栏上的按钮"⊞"，表格各列将平均分布。

（6）设置表格标题为适当的格式。

图 3-21   单元格文字对齐

4. 绘制斜线表头

把插入点移动到表格的第一行第一列，选择"表格"→"绘制斜线表头"命令，从弹出的对话框中选择样式为"样式二"，在行标题文本框中输入"科目"，数据标题文本框中输入"成绩"，列标题文本框中输入"姓名"。最后单击"确定"按钮。

5. 表格自动套用样式

把光标移动到表格内，选择"表格"→"表格自动套用格式"命令，在弹出的对话框中选择"简明型 1"，单击"确定"按钮。

最后修饰表格，用"表格和边框"工具栏上的"绘制表格"按钮"✎"补齐第一列单元格竖线；重新设置第一行的对齐方式。最后结果如图 3-22 所示。

学生成绩表

成　　科目　　绩 姓　名	高等数学	大学英语	计算机基础	总分
王志平	88	94	90	272
吴晓辉	85	88	93	266
张波	76	80	85	241
李丽萍	69	75	70	214
曾天	95	88	93	276
张欢欢	70	73	68	211

图 3-22   设置完成后的表格

注意：绘制斜线表头时，"字体大小"选小五号，太大的话表头中放不下；套用格式时，不要将特殊格式应用于末行，即取消"末行"复选框。

6．制作班级课表

（1）绘制一个 6 行 7 列的规则表。

（2）设置各行、列的行高、列宽。

（3）合并单元格。

合并单元格的操作方法为：选定要合并的若干单元格，选择"表格"→"合并单元格"菜单命令或"表格和边框"工具栏上的"合并单元格"按钮"⊞"。另外还可以通过单击"表格和边框"工具栏上的"擦除"按钮"⊠"，再双击或单击要删除的框线即可实现合并单元格的操作。

（4）设置斜线表头。

（5）输入表格标题、内容。

（6）设置字符格式，文字对齐方式。

（7）修饰表格，如添加底纹、自动套用格式等。

四、思考提高

1．总结创建表格的方法与设置表格属性的方法。

2．设置不同的表格内外边框线的操作是什么？

3．设置了单元格总分公式后，如果各科目的分数改变了，怎样保证公式的结果正确？

五、考核方法

1．成绩表是检查的重点，占本实训的 80 分，班级课表占 20 分。

2．成绩表格式设置 40 分，套用格式 20 分，表头 10 分，整体效果 10 分。

3．班级课表单元格合并 10 分，表格修饰 5 分，整体效果 5 分。

六、学习资源

1．显示表格列（行）具体宽度两招

要知道表格列的具体宽度，除了可以在"表格属性"对话框里查看外，还有以下两种简单的方法。

方法一：将鼠标指针放在表格内的任一列框线上，此时指针将变成等待手工拖动的形状，按下鼠标左键，同时按下 Alt 键，标尺上将出现每列具体的宽度。

方法二：将指针置于列框线上，先按下左键，再按下右键（注意：次序颠倒无效），也能看到每列的宽度。

2．移动指定行

有时候表格就要完工了，忽然发现某一行的位置应该上调几行或下移几行。此时我们应该如何处理？在新位置插入空行，再将原来行的内容复制到此处，再删除原来行？这个方法不是不行，但是实在是太罗嗦。其实，将插入点定位于要移动的行中任一单元格，然后在按下 Shift+Alt 键的同时，再按下键盘上的方向键"↑"或"↓"，插入点所在的行及其内容就会自动上移或下移，移到合适的位置松手即可。

3．自动调整列宽适应文字宽度

将鼠标指针置于表格列的分隔线上双击，可以使左边一列的列宽自动适应单元格内文字的总宽度（注意：如果表格列中没有文字，此法无效；如果文字过长，当前列将自动调整为页面允许的最适宽度，调整后如果继续在分隔线上双击，列宽还能以字符为单位继续扩大一定的范围）。

4．删除行和列

当选中表格的行或列后，按 Delete 键只能删除单元格中的内容，不能删除行或列。按组合键 Shift+Delete 就能删除行或列，或者选中表格的行或列后单击鼠标右键，选择快捷菜单中的"删除行"或"删除列"命令也能进行删除。

5．当利用鼠标拖动表格线的方式进行行高、列宽调整时，在调整的过程中，若不想引起其他列宽度的变化，可在拖动时按住键盘上的 Shift 键；若不想影响整个表格的宽度，可在拖动时按住 Ctrl 键。

6．表格内数据按小数点对齐

首先按正常方式在 Word 表格中输入有关数字，然后以列为单位将需要实现按小数点对齐的单元格定义为块，然后在该列上端标尺栏上用鼠标左键双击，打开"制表位"对话框，在"对齐方式"列表框中选择"小数点对齐"选项，单击"确定"按钮后关闭对话框，标尺栏上便会出现一个"小数点制表符"，此时拖动标尺栏上的"小数点制表符"，使小数点处于表格的适当位置，这样便可使该行数据以小数点对齐。

提示：表格中对齐制表位的方法与在文本中不同，需先按住 Ctrl 键再按 Tab 键。

实训 3-5　Word 2003 图形

一、实训目的

1．学会图片的插入方法及图形的格式的设置方法。
2．了解绘制图形的方法。
3．掌握艺术字的使用。
4．掌握文本框的使用。

二、实训内容

完成图 3-23 海报的设计制作。

图 3-23　用 Word 设计海报

海报所用相关文字如下：

PowerPoint 高手速成班

TAG:PowerPoint、演示、文档 | 应用方案、评测、知识 | 特别话题

你知道吗，早在 1993 年，平均每天就有 3000 万个 PowerPoint 在被人用于讲演和演示，到今天这个数字又不知道翻了多少倍。这个神奇的东西真的有这么大的作用吗？我知道你的电脑里一定安装了 Microsoft Office 办公套件，我还知道其中最常用的工具一定是 Word。最不常用的呢？是 PowerPoint 吗？你是不是觉得这个名字很长、占用空间很大的东西没有什么用？你是不是觉得 Word 也能加上图片、动画，这个东西有点多余呢？那你可大错特错了，PowerPoint，没它不行！

有关 PowerPoint 功能的两种介绍

★官方版

PowerPoint 是用于设计制作专家报告、教师授课、产品演示、广告宣传的电子版幻灯片，制作的演示文稿可以通过计算机屏幕或投影机播放。用 PowerPoint 做出来的东西叫演示文稿，它是一个文件，演示文稿中的每一页就叫幻灯片，每张幻灯片都是演示文稿中既相互独立又相互联系的内容。

★"谣言"版

PowerPoint 助长了人们思维方面的惰性，将复杂的问题简单化，以机械的演示代替了人们之间生动活泼的讨论。耶鲁大学教授爱德华·塔夫特认为，他找到了导致当年"哥伦比亚"号航天飞机失事的罪魁祸首——一张设计出错的幻灯片。不过，所有这些挑刺行为都有一个缺陷：你不能将糟糕的演示文稿归咎于 PowerPoint 本身，正如你不应该将字写得难看的原因归咎于笔本身一样。

不管你更接受哪种版本，请允许我在本文中用 PPT 来代替 PowerPoint——节省你我的时间。

相关资源链接：http://blog.cfan.com.cn/index.php/14191/action_viewspace_itemid_290974

该海报设计涉及以下几个知识点：

1．自选图形的绘制与设置。

2．图片插入与设置。

3．图形对象的组合。

4．文本框的使用。

5．艺术字的运用。

6．图形对象与文本对象关系的处理（图文混排）。

建议学时：

文字"25"、"招"用艺术字绘制；圆形按钮用自选图形绘制；文字"高手速成班"用文本框或矩形框绘制；"招"字章的外框用自选图形绘制。以上内容 2 学时完成。

文字"PowerPoint"、"相关资源链接……"、"TAG……"用文本框绘制；蓝色渐变分割线用矩形框绘制。以上内容加上文字输入与排版 2 学时完成。

三、操作指导

1．新建一个空白文档，用于绘制图像，然后作为排版素材保存。

2．绘制艺术字："2"、"5"和"招"字用艺术字完成。

（1）绘制艺术字

先绘制"2",绘制方法如图 3-24 所示。在"编辑'艺术字'文字"对话框中可以不设置字号,艺术字的大小用格式设置来控制。

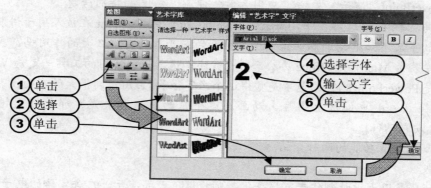

图 3-24 绘制艺术字

（2）修改艺术字

一般情况下插入的艺术字不总是能满足要求,大多数情况下需要修改。选中要修改的艺术字,在"艺术字"工具栏上单击"设置艺术字格式"按钮" ",或选择"格式"→"艺术字"命令,弹出"设置艺术字格式"对话框,其设置方式与自选图形相似,不再详述。设置参数如表 3-3 所示。

表 3-3 设置参数

对话框	参数	值	
		2 字	5 字
自选图形格式	大小	高 5.8 cm 宽 4.7cm	高 5.8 cm 宽 4.7cm
	线条	深红色 1.25 磅	深红色 1.25 磅
	旋转	0°	0°
填充效果	填充效果	双色	双色
	底纹样式	垂直	垂直
	变形	左上角	左上角
	透明度	从 0 到 0	从 0 到 0
颜色	颜色 1	黄色	金色
	颜色 2	金色	橙色

"5"字只需要将"2"字复制一份,双击复制的那份,在弹出的"编辑'艺术字'文字"对话框中将 2 改为 5,然后单击"设置艺术字格式"按钮,将"颜色 1"改为"金色","颜色 2"改为"橙色"即可。

"招"字较为简单,其样式选第 1 行第 1 列,大小为 2.5cm 左右,边框、填充均为红色,旋转为 332°。

3. 绘制按钮。

海报左下角的按钮图形的立体、光照效果,是通过图形填充来实现的。

双击"椭圆"绘制按钮" ",连续绘制 4 个圆形。双击绘制的第一个圆形,在弹出的"设置自选图形格式"对话框中，按图 3-25、图 3-26 设置。

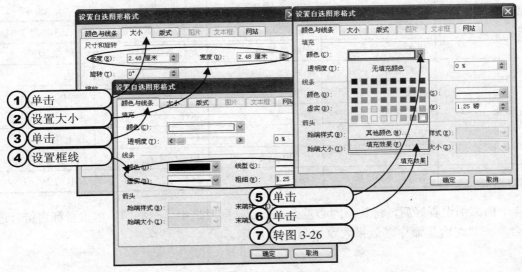

图 3-25　设置自选图形参数（1）

具体参数为：大小：宽 2.48cm，高 2.48cm；线条：黑色，1.25 磅。

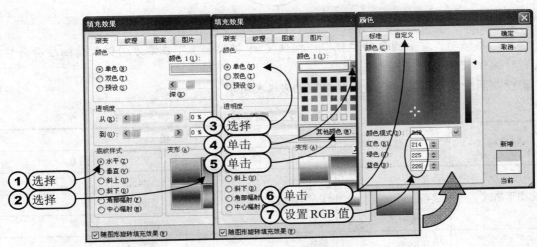

图 3-26　设置

自选图形参数（2）

填充效果单色，颜色的 RGB 值为 214、225、226；底纹样式：水平；变形选右上角的方式。

逐级单击"确定"按钮后完成设置。

另外 3 个圆形作相同的设置，参数如表 3-4 所示。

表 3-4　设置参数

对话框	参数	值		
		圆 2	圆 3	圆 4
自选图形格式	大小	宽、高 2.41cm	宽 2.26、高 2.3cm	宽 1.83、高 2.04cm
	线条	无线条颜色	无线条颜色	无线条颜色
填充效果	填充效果	单色	单色	单色
	深浅	约 80%	约 50%	约 100%
	底纹样式	水平	水平	水平
	变形	左上角	右上角	右上角
	透明度	从 100 到 0	从 52 到 0	从 62 到 0
颜色	颜色的 RGB 值	214、225、226	214、225、226	214、225、226

　　4 个椭圆都设置好后，将其不同心重叠在一起，同时选中 4 个椭圆，单击鼠标右键，选择"组合"→"组合"命令，效果大致如图 3-27 所示。

图 3-27　组合后的椭圆

　　提示：在移动、重叠圆形的过程中，按住 Ctrl 键配合上下左右方向键能精细移动图形。而绘制时按住 Shift 键就能绘制正圆。

　　再绘制两个圆形，其填充效果的参数如表 3-5 所示。

表 3-5　设置参数

对话框	参数	值	
		圆 5	圆 6
自选图形格式	大小	3.27cm	2.84cm
	线条	无线条颜色	无线条颜色
	透明度	68%	0%
填充效果	填充效果	单色	单色
	深浅	约 0%	约 40%
	底纹样式	斜上	斜上
	变形	左上角	右上角
	透明度	从 68 到 10	从 0 到 0
颜色	颜色的 RGB 值	185、185、255	185、185、255

　　将圆 5、圆 6 同心重叠在一起，再将先前组合的圆形与圆 5、圆 6 同心重叠在一起，注意将组合的椭圆的叠放次序放到顶层，如图 3-28 所示。

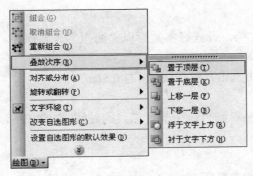

图 3-28　调整图形叠放层次

最后将所有的圆形选中、组合，完成按钮的绘制。

4．插入图片。

本例的按钮中间是 PowerPoint 软件快捷图标的图片，但插入其他图片也可以。选择"插入"→"图片"→"来自文件"命令，打开"插入图片"对话框，找到需要的图片后单击"确定"按钮，图片插入到文档中。选中图片，调整其大小与按钮相配，放到按钮的中间，然后与按钮组合，组合后的按钮如图 3-29 所示。

图 3-29　插入图片后组合的按钮

5．处理文本框。

文本框可以非常方便地控制文字的位置，在 Word 图形设计中运用广泛。

（1）插入文本框

单击"绘图"工具栏上的"文本框"按钮"▣"，光标由箭头变为十字形，在页面上画出一个矩形区域。在文本框中输入文字，如"高手速成班"。

（2）设置文本框

以"高手速成班"文本框为例，选择文本框中的文字，设置字符格式如下：

黑体，初号，缩放 120%，间距紧缩 3 磅，行距固定值 50 磅，蓝色。

选中文本框后再双击文本框，弹出"设置文本框格式"对话框，设置文本框格式如下：

线条为蓝色 2 磅，大小为高 1.79cm、宽 11.88cm，填充为双色，颜色 1 为淡蓝，颜色 2 为白色，文本框内边距全部为 0。

其他 3 个文本框均设为无边框无填充，字符格式如下：

"PowerPoint"：字体 Arial Black 小初号，浅蓝色，字符间距紧缩 2 磅；

"TAG……"：字体西文为 Arial Black 小五号，中文为黑体小五号，颜色为灰色-50%；

"相关……"：字体西文为 Arial 六号，中文为黑体六号，颜色为灰色-50%。

提示："招"字印章的红圈和两条水平渐变色条的绘制方法请自行思考。

6．排版。

（1）新建一个空白文档，设置好参数后以“海报”为名保存，参数如下：

纸张大小：A5，横放

页边距：上 2cm、下 0.5cm、左 0.5cm、右 0.5cm

（2）录入文字

录入“你知道吗，……”到“……节省你我的时间。”的文字，其他文字需要用文本框来处理，可以暂不录入。

（3）文字排版

将输入的文字按如下要求排版：

- “你知道吗……”段落：幼圆字体，小 4 号加粗；行距为固定值 14 磅，段前间距为 1 行。
- “有关……”段落：黑体，4 号加粗；单倍行距，段前间距为 0.5 行，段后间距为 1 行，取消“如果定义了文档网格，则对齐网格”复选框。
- 其他段落：黑体，小 5 号；行距为固定值 10 磅。
- 设置分栏

将“官方版……”到“……节省你我的时间。”选中，设置为两栏，分栏参数为：取消“栏宽相等”复选框，第 1 栏宽 24 字符，间距 2 字符，第 2 栏宽 28 字符。

排完版后的效果如图 3-30 所示。

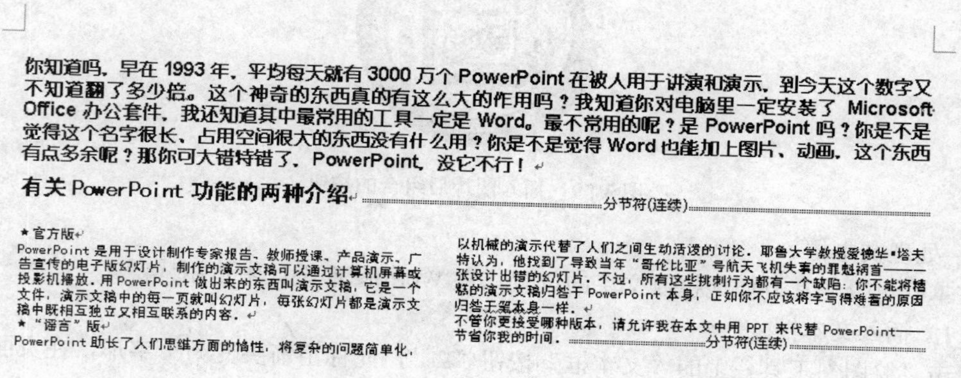
你知道吗，早在 1993 年，平均每天就有 3000 万个 PowerPoint 在被人用于讲演和演示，到今天这个数字又不知道翻了多少倍。这个神奇的东西真的有这么大的作用吗？我知道你对电脑里一定安装了 Microsoft Office 办公套件，我还知道其中最常用的工具一定是 Word。最不常用的呢？是 PowerPoint 吗？你是不是觉得这个名字很长、占用空间很大的东西没有什么用？你是不是觉得 Word 也能加上图片、动画，这个东西有点多余呢？那你可大错特错了，PowerPoint，没它不行！

有关 PowerPoint 功能的两种介绍 ……分节符(连续)……

★官方版

PowerPoint 是用于设计制作专家报告、教师授课、产品演示、广告宣传的电子版幻灯片，制作的演示文稿可以通过计算机屏幕或投影机播放。用 PowerPoint 做出来的东西叫演示文稿，它是一个文件，演示文稿中的每一页就叫幻灯片，每张幻灯片都是演示文稿中既相互独立又相互联系的内容。

★“谣言”版

PowerPoint 助长了人们思维方面的惰性，将复杂的问题简单化，以机械的演示代替了人们之间生动活泼的讨论。耶鲁大学教授爱德华·塔夫特认为，他找到了导致当年“哥伦比亚”号航天飞机失事的罪魁祸首——一张设计出错的幻灯片。不过，所有这些挑刺行为都有一个缺陷：你不能将糟糕的演示文稿归咎于 PowerPoint 本身，正如你不应该将字写得难看的原因归咎于笔本身一样。

不管你更接受哪种版本，请允许我在本文中用 PPT 来代替 PowerPoint——节省你我的时间。……分节符(连续)……

图 3-30　文字排版效果

（4）图文混排

将“2”、“5”两个艺术字的环绕方式设置为“上下型环绕”，圆形按钮环绕方式设置为“紧密型环绕”，其他对象的环绕方式设置为“浮于文字上方”。

设置方法如图 3-31 所示。

根据选择的对象不同，设置命令可能是“艺术字”、“文本框”、“对象”、“自选图形”等。在“高级版式”对话框中，根据所选环绕方式不同，环绕参数也有不同的设置，如图示“紧密型”只能设置左右距离。

最后，将所有图形对象逐一复制到最先建立并保存为“海报”的文档中，参照图 3-23 摆放各对象。

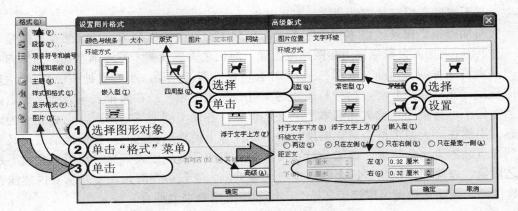

图 3-31　设置环绕方式

四、思考提高

1. 怎样绘制"招"字印章的红圈和两条水平渐变色条？
2. 文本框的设置中为何设置字符行距为固定值和设置文本框内边距全部为 0？
3. 除了用以上方法来控制文字、图形的位置外，还有其他方法吗？具体怎样操作？

五、考核方法

1. 文字格式设置 15 分。
2. 自选图形的绘制 35 分。
3. 艺术字 10 分。
4. 文本框 20 分。
5. 图文混排与最终效果 20 分。

六、学习资源

海报设计杂谈

很多人思考"海报"存在的意义只为商业效应的打手，又或者极端一些，她的生存也只为了"专业设计师"作为"打奖"之用，但总括来说，无论是正是邪，她已经度过了百岁寒暑，就算人类历史已进入计算机时代，她还未能受任何媒体影响，仍为大家津津乐道，就是负离子电视已突破一百寸平面空间，大家仍然通宵达旦地忙于生产不同的海报，在世界每一个角落，散发那仍进化的魅力，地位仍高居设计师心中之最高位置。如果要细分海报种类，多达 24 种以上，直接表达的写真，字体为主的通告，实验性的解构形，这些林林种种不同之表达手法，我们称之为"表现形式"，这一种艺术形态表达的手法（Art Form）由古至今，仍不断推陈出新，无穷无尽，故欲要细分及一一分析，一本四册之特册，恐怕也不能尽录。故此我们尝试从另一角度去研究"海报"，从历史、时间去分析海报之进化及"家族"（Family）。

1. 民族篇

海报从远至近，其大致分为三大家族：

（1）民族性，（2）实用性，（3）艺术性。这三大家族特性各异，可以自主独立，也可两性并立（甚至有些海报可达三性并立，可见其多元化）。

一般早期海报之出现，以本土文字为主，后来才加入图像作装饰，故此感觉好像是"通告"，正因为后来加入大量修饰用之图案或图像，海报之美感及美术性渐渐增加，当然内容不外乎产品宣传（香烟、药品、戏剧……），社会现象（清洁运动，小心火种……），政治宣传（爱国反敌，党章宣扬）等，这种与民族感不可分离之主题，故在海报表现方式上也遇民族性，当然你不可将英国感觉放充满本土之文化感觉，各处不同地域之海报，也必充满当地之民族感，当然在今天城市群全球化出现之后，这种本土民族风貌之海报就慢慢消失，甚至再难找到半点之本土文化味道，德国公益海报再没有那种日耳曼民族气息，法国只会留下那种浪漫之图像，以前那种植物修饰之图案也愈来难见，大家只可在海报历史之丛书内感悟昔日之民族情怀，全球化愈受大家接受之概念，这种遗迹也愈来愈稀有。

2. 实用篇

在欧洲工业革命后期，万物丛生，新科技的产品涌现消费市场，广告概念开始受到人们重视及肯定，海报也就称为当时最重要媒体，电视文化及广播事业还未面世时，街头海报可以说是当时一种极看重之主打宣传。一切都以市场及产品为导向，美术只构成装饰美化之物。直至 20 世纪 60 年代，一切海报仍以实用性为主，开门见山，卖车以车为主要视觉形象，卖电视机就以全家围着电视为重心，比较抽象之手法或设计，根本不能被市场接受，故此各美术人仍然乖乖地制造这种实用性为主之海报，唯一不同的就是由以往之绘画表达形式，慢慢走向以摄影手法表现，当然计算机技术的出现，要在 20 世纪 80 年代初才开始投产，并由专业人士带动普及，当然以上所说的实用性海报，目前仍在流行，深度已不用说，商品之宣传就是一切主角，别无它说，艺术性不重要。在今天商业世界里，这种沉闷之实用性海报仍有生存空间，因为它最能满足要求，不过欲要突围而上则欠奉，这就是实用性海报生存的最大意义，普通的消费者只要商品在第一时间完完本本带出，这是它的责任。

3. 概念篇

有机会参观过一次名为回顾祖国海报展，主要把香港、澳门回归中国时之主题海报展览，创作者全是中国人，当然我是指国内、香港和澳门人。从这次展览中两岸三地之设计师充分发挥"有限"之创意！我够胆说这 200 件作品中，超过四分之三是采用相同之元素及概念去表达这主题，快乐小孩之面孔、手、龙、烟花、长城、花，这些可是很多常见之海报所采用之东西，通通在这次海报展出现，我真的问问自己，这些东西是否真的单一可以表达"回归"之旅，除了这些元素外，还有其他可以表达的手法吗，又为什么大家会不约而同地采用同样的物件去表达一个相同的概念，是巧合？或是无物可用！？"撞车"在设计过程中时常存在。但为什么这次却撞得这么利害！设计师不论年资多久，很多时候都会利用一种"潜意识"去作创作的第一步，这种运作只不过是一种大脑反射作用，是一切创作的最表层，又未经修练升华之概念，如果整个设计以此为终，作品往往就如我时常谈论之"冰山定论"，设计只流于表面，极普通。不单只撞车常现，更与非创作人之概念不约而同，这些概念好像冰河之上冰山，易寻及唾手可得，但欲要有深度及独有之概念，只可向冰山之下潜沉，愈深愈深，冰山底下空间无限，冰山之上，可用之处甚少，而且绝非精品，这情况在圈内十分普遍，一般之地方性主题海报，商品如洗头水、时装，相同手法比比皆是，创作人如肯花多一点时间，避免与别人相同撞车！这情况就可以减少，当然"原创性"就是其中一个最好之解决办法，日本人曾经被人谑笑为抄作之邦，这个化"美名"为欲要登上设计第一线之国家，首先就要摆脱"抄袭"之影子，原创虽然是一条满途荆棘之路，但过程之辛酸欲是满足成果的最佳心灵奖品，创作人也是因此而加入此行列！试回想第一天你进入设计学院时，你心中那种兴奋之源动力是什么，你将会明白我说的是什么。

实训 3-6　Word 2003 页面设置与打印

一、实训目的

1．掌握页眉、页脚的设置。
2．掌握页码的设置。
3．掌握页面设置。
4．学会文档的预览和打印方法。
5．掌握分页和分节操作。

二、实训内容

1．将实训 3-3 排版得到的文档扩展到两页以上。
2．为新文档设置页眉、页脚、页码、页面。图 3-32 为设置效果。

图 3-32　页面设置效果

要求达到左右页的页眉页脚不同，不同节的页眉不同。

3．打印文档。

三、操作指导

1．打开实训 3-3 的排版文档，为文档输入新内容，保证文档页数不少于 2 页，最好在 3 页以上。

2．格式设置。

为新输入的文档设置字符和段落格式。将原文档中的一级、二级标题格式用格式刷进行复制，将正文格式设置为宋体 5 号，单倍行距，首行缩进 2 字符。格式设置完后可以看到排版效果并不好。

3．页面设置。

页面设置主要是设置文档打印输出时的各种格式，包括设置文档的纸型、页边距、纸张来源、版式、文档网格等。页面设置应该在排版前进行，以便于在排版过程中能看到打印输出的效果，发挥 Word 所见即所得的特点。

选择"文件"→"页面设置"命令，在"页面设置"对话框中进行如下设置：

"页边距"选项卡：上下页边距为 2cm，左右页边距为 2.5cm。

"纸张"选项卡：纸张大小为"16 开"。

"版式"选项卡：选中"奇偶页不同"复选框，"距边界"页眉页脚均为 1.5cm。

其他保留默认设置。

4．分节。

将插入点定位到"……广告等排版工作。"后，选择"插入"→"分隔符"菜单命令，在弹出的"分隔符"对话框中选择"分节符类型"栏的"下一页"。

5．设置页码。

页码设置方法如图 3-33 所示。在"页码"对话框中，"位置"栏选"页面底端（页脚）"，"对齐方式"栏选"外侧"。在"页码格式"对话框中"数字格式"选"-1-"。

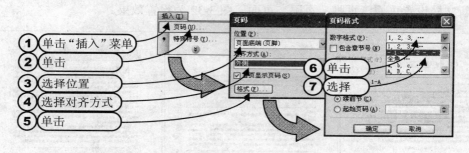

图 3-33　页码设置方法

6．页眉设置。

选择"视图"→"页眉和页脚"菜单命令，进入第 1 页的页眉页脚编辑状态。输入"Office 2003 基础"和"Word 简介"，并用制表符和对齐方式使其分布在页眉的两端，如图 3-34 所示。

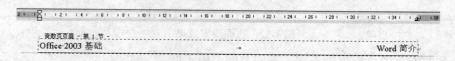

图 3-34　第 1 节奇数页页眉

单击"页眉和页脚"工具栏上的"显示下一项"按钮" "，直到进入第 2 页，单击"页眉和页脚"工具栏上的"链接到前一个"按钮" "，使页眉虚线框上的"与上一节相同"消失，输入"Word 简史"和"Office 2003 基础"，并用制表符和对齐方式使其分布在页眉的两端，如图 3-35 所示。

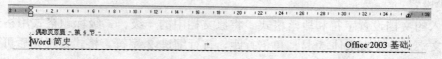

图 3-35　第 4 节偶数页页眉

单击"页眉和页脚"工具栏上的"显示下一项"按钮"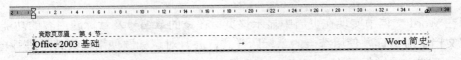"，进入第 3 页，单击"页眉和页脚"工具栏上的"链接到前一个"按钮"█"，使页眉虚线框上的"与上一节相同"消失，将右端的"Word 简介"改为"Word 简史"，如图 3-36 所示。

图 3-36　第 4 节奇数页页眉

单击"页眉和页脚"工具栏上的"关闭"按钮，结束页眉设置。

7. 预览与打印。

打印预览是正式打印前的检查工序，用于发现可能存在的问题，减少打印的浪费。

选择"文件"→"打印预览"命令，或者单击"常用"工具栏上的"打印预览"按钮"█"，可以预览文档的实际打印效果。

选择"文件"→"打印"命令，打开如图 3-37 所示的"打印"对话框，在对话框中可以进行选择打印机、指定打印页码、指定打印份数等各种设置。

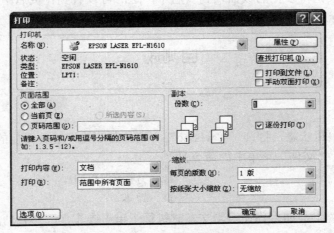

图 3-37　"打印"对话框

四、思考提高

1. 如果文章有封面，而封面不需要页眉页脚，应该怎样设置？
2. 什么时候该分节？什么时候该分页？

五、考核方法

1. 文字格式、排版设置 15 分。
2. 页码格式、位置设置 25 分。
3. 分节正确 10 分。
4. 不同节页眉正确 25 分。
5. 奇偶页页眉正确 25 分。

六、学习资源

在页眉中显示章节编号及章节标题

要想在 Word 文档中实现在页眉中显示该页所在章的章编号及章标题内容的功能，用户首先必须在文档中对章标题使用统一的章标题样式，并且对章标题使用多级符号进行自动编号，然后按照如下的方法进行操作。

选择"视图"菜单中"页眉和页脚"命令，将视图切换到页眉和页脚视图方式。

选择"插入"菜单中的"域"命令，打开"域"对话框。从"类别"列表框中选择"链接和引用"，然后从"域名"列表框中选择"StyleRef"域。

单击"选项"命令，打开"域选项"对话框，单击"域专用开关"选项卡，从"开关"列表框中选择"\n"开关，单击"添加到域"按钮，将开关选项添加到域代码框中。

单击"样式"选项卡，从"名称"列表框中找到章标题所使用的样式名称，如"标题1"样式名称，然后单击"添加到域"按钮。

单击"确定"按钮将设置的域插入到页眉中，这时可以看到在页眉中自动出现了该页所在章的章编号及章标题内容。

自测题

一、单选题

1. 在 Word 的编辑状态，打开了"wl.doc"文档，若要将经过编辑后的文档以"w2.doc"为名存盘，应当执行"文件"菜单中的命令是（　　）。

  A．保存   B．另存为 HTML

  C．另存为   D．版本

2. 在 Word 环境下，如果你在编辑文本时执行了错误操作，（　　）功能可以帮助你恢复原来的状态。

  A．复制   B．粘贴   C．撤消   D．清除

3. 要重复上一步进行过的格式化操作，可选择（　　）。

  A．"撤消"按钮   B．"恢复"按钮

  C．"编辑→复制"命令   D．"编辑→重复"命令

4. 在 Word 中，如果不是在表格中，下列对齐方式不正确的是（　　）。

  A．居中   B．分散对齐 C．两端对齐   D．靠上

5. 在 Word 编辑状态下，当前输入的文字显示在（　　）。

  A．鼠标光标处 B．插入点   C．文件尾部   D．当前行尾部

6. 在 Word 中，打开文档的作用是（　　）。

  A．将指定的文档从内存中读入，并显示出来

  B．为指定的文档打开一个空白窗口

  C．将指定的文档从外存中读入，并显示出来

  D．显示并打印指定文档的内容

7．在 Word 主窗口的右上角、可以同时显示的按钮是（　　）。

　　A．最小化、还原和最大化　　　　B．还原、最大化和关闭

　　C．最小化、还原和关闭　　　　　D．还原和最大化

8．在 Word 的编辑状态，设置了一个由多个行和列组成的空表格，将插入点定在某个单元格内，单击"表格"菜单中的"选定行"命令，再单击"表格"菜单中的"选定列"命令，则表格中被选择的部分是（　　）。

　　A．插入点所在的行　　　　　　　B．插入点所在的列

　　C．一个单元格　　　　　　　　　D．整个表格

9．当前活动窗口是文档 d1.Doc 的窗口，单击该窗口的"最小化"按钮后（　　）。

　　A．不显示 d1.doc 文档内容，但 d1.doc 文档并未关闭

　　B．该窗口和 d1.doc 文档都被关闭

　　C．d1.doc 文档未关闭，且继续显示其内容

　　D．关闭了 d1.doc 文档但该窗口并未关闭

10．如果想在 Word 主窗口中显示常用工具按钮，应当使用的菜单是（　　）。

　　A．"工具"菜单　　　　　　　　　B．"视图"菜单

　　C．"格式"菜单　　　　　　　　　D．"窗口"菜单

11．在 Word 的编辑状态，设置了标尺，可以同时显示水平标尺和垂直标尺的视图方式是（　　）。

　　A．普通视图　　　　　　　　　　B．页面视图

　　C．大纲视图　　　　　　　　　　D．全屏显示方式

12．在 Word 的编辑状态，执行"编辑"菜单中"复制"命令后（　　）

　　A．被选择的内容被复制到插入点处

　　B．被选择的内容被复制到剪贴板

　　C．插入点所在的段落内容被复制到剪贴板

　　D．光标所在的段落内容被复制到剪贴板

13．在 Word 的编辑状态，下列四种组合键中，可以从当前输入汉字状态转换到输入 ASCII 字符状态的组合键是（　　）。

　　A．Ctrl+空格键　　B．Alt+Ctrl　　　C．Shift+空格键　　　D．Alt+空格键

14．Word 的"窗口"命令菜单底部显示的文件名所对应的文件是（　　）。

　　A．当前被操作的文件　　　　　　B．当前已打开的所有文件

　　C．扩展名是.txt 的所有文件　　　D．扩展名是.doc 的所有文件

15．在 Word 的编辑状态，进行字体设置操作后，按新设置的字体显示的文字是（　　）。

　　A．插入点所在段落中的文字　　　B．文档中被选择的文字

　　C．插入点所在行中的文字　　　　D．文档的全部文字

16．删除一个段落标记符后，前后两端文字将合成一段，原段落格式编排（　　）。

　　A．没有变化　　　　　　　　　　B．后一段将采用前一段的格式

　　C．前一段变成无格式　　　　　　D．前一段将采用后一段的格式

17．在 Word 的"文件"菜单中可以显示最近打开过的文件，一般默认为（　　）。

　　A．2 个　　　　　B．3 个　　　　　C．4 个　　　　　　D．任意个

18．在 Word 的编辑状态，共新建了两个文档，没有对该两个文档进行"保存"或"另存

为”操作，则（　　）。

    A．两个文档名都出现在"文件"菜单中

    B．只有第一个文档名出现在"文件"菜单中

    C．两个文档名都出现在"窗口"菜单中

    D．只有第二个文档名出现在"窗口"菜单中

19．在 Word 的编辑状态，当前编辑文档中的字体全是宋体字，选择了一段文字使之成反显状，先设定了楷体，又设定了仿宋体，则（　　）。

    A．文档全文都是楷体　　　　　　　B．被选择的内容仍为宋体

    C．被选择的内容变为仿宋体　　　　D．文档的全部文字的字体不变

20．在 Word 的编辑状态，选择了整个表格，执行了"表格"菜单中的"删除行"命令，则（　　）。

    A．整个表格被删除　　　　　　　　B．表格中一行被删除

    C．表格中一列被删除　　　　　　　D．表格中没有被删除的内容

21．在 Word 的编辑状态，当前正编辑一个新建文档"文档1"，当执行"文件"菜单中的"保存"命令后（　　）。

    A．该"文档1"被存盘

    B．弹出"另存为"对话框，供进一步操作

    C．自动以"文档1"为名存盘

    D．不能以"文档1"存盘

22．在 Word 的编辑状态，为文档设置页码，可以使用（　　）。

    A．"工具"菜单中的命令　　　　　　B．"编辑"菜单中的命令

    C．"格式"菜单中的命令　　　　　　D．"插入"菜单中的命令

23．在 Word 中，使用"新建文件"菜单项与使用工具栏上的"新建"按钮创建新文件的不同在于（　　）。

    A．"新建"菜单项采用默认模板直接新建一文件，而"新建"按钮会让你选择不同的模板

    B．"新建"按钮采用默认模板直接新建一文件，"新建"菜单项会让你选择不同的模板

    C．"新建"按钮只能使用几个模板，"新建"菜单项可以使用所有的模板

    D．"新建"按钮可以使用所有的模板，"新建"菜单项只能使用几个模板

24．在 Word 的编辑状态，选择了文档全文，若在"段落"对话框中设置行距为 20 磅的格式，应当选择"行距"列表框中的（　　）。

    A．单倍行距　　　B．1.5 倍行距　　　C．固定值　　　　D．多倍行距

25．打开一个磁盘中的 Word 文档进行编辑后，执行"保存"命令，其结果是（　　）。

    A．改名存储该文档　　　　　　　　B．会出现存储文件的对话框

    C．只能同名存储该文档　　　　　　D．既存储了新文档、又保留了原文档

26．为了减少意外情况（如停电、死机等）造成的损失，Word 提供了可以在规定的时间间隔内（　　）的功能。

    A．发声警告　　　　　　　　　　　B．自动保存文件

    C．在屏幕上提示让用户存盘　　　　D．暂停操作，以便用户保存文件

27．进入 Word 后，打开了一个已有文档 w1.doc，又进行了"新建"操作，则（　　）。

  A．w1.doc 被关闭　　　　　　　　　B．w1.doc 和新建文档均处于打开状态

  C．"新建"操作失败　　　　　　　　D．新建文档被打开但 w1.doc 被关闭

28．Word "文件"菜单中的"关闭"命令的意思（　　）。

  A．关闭 Word 窗口连同其中的文档窗口，并退出 Windows 窗口

  B．关闭文档窗口，并退回到 Windows 窗口

  C．关闭 Word 窗口连同其中的文档窗口，退回到 DOS 状态下

  D．关闭文档窗口，但仍在 Word 内

29．将光标快速移动到文档首，可使用（　　）。

  A．Home 键　　　　　　　　　　　B．End 键

  C．Ctrl+Home 组合键　　　　　　　D．Ctrl+End 组合键

30．在"编辑"菜单中，"粘贴"菜单命令呈灰色，是因为（　　）。

  A．剪贴板上的内容太多　　　　　　B．该命令永远不能被使用到

  C．没有执行剪切或复制命令　　　　D．剪贴板上的内容已经被粘贴过了

31．将文档中部分内容移动到另一个位置，选定内容后首先应进行的操作是（　　）。

  A．复制　　　　　B．粘贴　　　　　C．剪切　　　　　　D．清除

32．将文档的一部分文本移动到其他位置，操作的主要步骤应该是（　　）。

  A．复制、选定、粘贴　　　　　　　B．选定、复制、粘贴

  C．选定、剪切、粘贴　　　　　　　D．粘贴、复制、选定

33．Word 中表格的单元格高度和宽度（　　）。

  A．固定不变　　　　　　　　　　　B．仅高度可以改变

  C．仅宽度可以改变　　　　　　　　D．高度和宽度都可以改变

34．下列说法错误的是（　　）。

  A．制作表格时可自定义表线粗细

  B．表中文字的字体字号可以不同

  C．可以在标尺栏中定义表格的左边界

  D．表线不可以擦除

35．在一个 4 行 4 列的表格中编辑正文时，当在表格的第 3 行最右边一列的单元格中按下 Tab 键时，插入点将（　　）。

  A．移动到上一行的左边　　　　　　B．移动到下一行的左边

  C．移动到上一行的右边　　　　　　D．移动到下一行的右边

36．关于 Word 的分栏功能，下列说法中正确的是（　　）。

  A．不能加分隔线　　　　　　　　　B．各栏的宽度必须相同

  C．各栏的栏间距是固定的　　　　　D．各栏的宽度可以不同

37．"页面设置"菜单命令位于菜单栏的哪个菜单下？（　　）

  A．文件　　　　　B．编辑　　　　　C．视图　　　　　　D．格式

38．在 Word 中打印时，打印的页码是 2-8,10,12，表示打印的是（　　）。

  A 第 2 页，第 8 页，第 10 页，第 12 页

  B 第 2 至第 8 页，第 10 至 12 页

  C 第 2 至第 8 页，第 10 页，第 12 页

  D 第 2 页，第 8 页，第 10 至 12 页

39. 单击 Word "打印"工具按钮时，打印的是（　　）。

    A. 当前文档的全部内容　　　　　B. 当前文档的部分内容

    C. 任意打开着的文档的内容　　　D. 最后一个打开的文档的内容

40. 在 Word 中如果表格框线是用虚线表示的，则打印出来的表格（　　）。

    A. 也是虚线　　　　　　　　　　B. 没有任何边框线

    C. 只有四个外框线　　　　　　　D. 带有全部实边框线

二、多选题

1. 下列启动 Word 的方法中正确的有（　　）。

    A. 双击桌面上的 Word 快捷方式图标

    B. 在"开始"菜单中选程序，然后在程序项中选 Word

    C. 在"开始"菜单的"运行"对话框中输入 Word，并回车

    D. 在 Windows 的 DOS 模式下输入 Start Word 并回车

2. 下列选项中，（　　）是 Word 菜单栏中的内容。

    A. 格式　　　　　B. 宋体　　　　　C. 窗口　　　　　D. 工具

3. 关于 Word 的打印预览，叙述正确的是（　　）。

    A. 与打印机输出格式一致

    B. 可以用来检查打印输出是否合乎要求

    C. 改变页面设置会影响打印预览输出

    D. 改变页边距会影响打印预览输出

4. 下列说法中正确的有（　　）。

    A. 从打印预览状态回到页面视图状态，可执行"文件"菜单中的"关闭"命令

    B. "打印"按钮位于"打印预览"工具栏的第二个位置

    C. 在"打印"对话框中的"页面范围"选项下有"当前页"的单选项

    D. 在"打印"对话框中的"副本"选项中可设置要打印的份数

5. 下列说法中不正确的是（　　）。

    A. 在"字体"对话框中也可以调整字符间距

    C. 中文字体中默认的是隶书

    B. 在"字体"对话框中也可以进行动态效果的调整

    D. 字号默认的是四号字体

6. 通过"页眉页脚"工具栏中的工具按钮可以向页眉页脚中输入哪些内容？（　　）

    A. 页码　　　　　B. 日期　　　　　C. 图片　　　　　D. 时间

7. 在"页面设置"对话框中，Word 提供的应用范围选项有（　　）。

    A. 整篇文档　　　B. 本节　　　　　C. 插入点之后　　D. 所选文字

8. 下面关于查找操作的说法中，正确的是（　　）。

    A. 每次查找都是在整个文档范围内进行

    B. 在查找时可以使用通配符

    C. 查找时可以查找带格式的文本

    D. 在查找时可以查找一些特殊的格式符号，如分页线等

9. 插入或创建一个表格的方法有哪些？（　　）

  A．利用"常用"工具栏上的"插入表格"按钮

  B．利用"表格和边框"工具栏中的"绘制表格"按钮

  C．可以将文字转换成表格

  D．可以利用"表格"菜单中的"插入"菜单命令

10．下列说法中正确的有（　　）。

  A．在插入表格之前，要先设置表格的行数和列数

  B．"自动调整"操作选项下的选项每次只能选择其中一个

  C．"自动调整"操作选项下的选项可以多选

  D．在"插入表格"对话框中可以将新设置的列数和行数设为新表格的默认值

三、判断题

（　　）1．Word 能够识别很多应用程序的文件格式，并且当你打开文档时可以自动转换文档。

（　　）2．在 Word 环境下，缩排与页边界的作用一样，用于控制正文到页面左右边的距离。

（　　）3．Word 中文件的打印只能全文打印，不能有选择的打印。

（　　）4．在 Word 环境下，必须在页面模式下才能看到分栏排版的全部文档。

（　　）5．在 Word 环境下，使用"替换"可以节约文本录入的时间。

（　　）6．对于插入的图片，只能是图在上、文在下，或文在上、图在下，不能产生环绕效果。

（　　）7．在 Word 环境下，用户只能通过使用鼠标调整段落的缩排。

（　　）8．Word 提供的自动更正功能是用来更正用户输入时产生的语法类病句。

（　　）9．在 Word 环境下，要给文档增加页号应该选择"插入"→"页码"。

（　　）10．图文框中既可以有文本，也可以放入图形。

（　　）11．在 Word 环境下，如果想将一部分文字设为"黑体"可执行下述操作：

    1）"选择"这部分文字；

    2）下拉"格式"工具栏的"字体"选择框，选中"黑体"。

（　　）11．Word 菜单栏中"编辑"下的"复制"项相当于 DOS 系统下的 COPY 命令。

（　　）12．在 Word 环境下，改变文档的行间距操作前如果没有执行"选择"，改变行间距操作后，整个文档的行间距就设定好了。

（　　）13．在 Word 环境下，一共有五种制表位，它们是：

 1）左对齐　　2）右对齐　　　3）居中对齐　　　4）小数点对齐　　　5）竖线对齐

（　　）14．在 Word 的默认环境下，编辑的文档每隔 10 分钟就会自动保存一次。

（　　）15．必须用鼠标才能用 Word 的菜单栏。

（　　）16．文本框能使页面上的文字环绕在其周围。

（　　）17．制表符前导字符每次都需要用户逐个输入字符。

（　　）18．自动更正词条主要是更正文字，不可以更正图片。

（　　）19．在排版段落过程中，如果想了解文档的段落标记，则可选择"工具"菜单的"段落标记"。

（　　）20．普通视图模式是 Word 文档的默认查看模式。

（　　）21．当选定要改变字体的文字后，单击鼠标右键也可以进行字体的变换。

（　）22．被加粗的字体的颜色要比没被加粗的字体的颜色要深。

（　）23．在"字体"设置对话框中，可以设置字型、字号，还可设置颜色。

（　）24．通过"文字方向"对话框，可以将垂直的文字变成水平的文字，也可将水平的文字变成垂直的文字。

（　）25．对一段文字进行对齐方式设置，必须将光标置于该段文字的起始位置。

（　）26．在"页边距"设置中还可以对装订线进行设置。

（　）27．文本框的位置无法调整，要想重新定位只能删掉该文本框以后重新插入。

（　）28．插入剪贴画首先要做的是将光标定位在文档需要插入剪贴画的位置。

（　）29．插入表格时可以自动套用格式。

（　）30．Word 的工具栏的快捷按钮不可增删。

（　）31．在 Word 中可以设置页码的位置和格式。

（　）32．Word 对文档提供了保护功能。

（　）33．用 Word 可以编辑简单的网页。

（　）34．在 Word 的打印预览中能够调整页边距，但不能更改纸型。

（　）35．在 Word 中不能建立自己需要的样式或模板。

四、填空题

1．在 Word 中，使用_____命令删除的文本可以使用"粘贴"命令恢复。

2．Word 文字处理中，要删除图文框，先选定图文框，然后按_____键。

3．Word 文字处理中，如果单击"常用"工具栏上的_____按钮，Word 会在工作区产生一个新的空文档。

4．对文本要增加段前、段后间距的设置，应选择"格式"菜单下的_____命令。

5．在 Word 的编辑状态，可以设定表格线宽度的命令在_____菜单。

6．Word 的"窗口"命令菜单被打开后，该菜单的下半部显示出已经打开的所有文档名，其中当前活动窗口所对应的文档名前有_____符号。

7．Word 文字处理中，可以插入人工分页符，方法是：将插入点移到分页的位置，选菜单栏中_____，再选"分隔符"，打开对话框，选"分页符"，最后单击"确定"按钮。

第4章 Excel 2003 电子表格

实训 4-1 建立电子表格

一、实训目的

1. 学会新建、修改、保存工作簿。
2. 正确完成工作表中数值型、字符型、日期时间型数据的输入、编辑、修改操作。
3. 学会公式的输入方法。
4. 学会数据的移动、复制和选择性粘贴。
5. 学会单元格及区域的插入和删除。

二、实训内容

1. 练习各种类型数据的输入方法。

启动 Excel 2003，在空白工作表 Sheet1 中，从 A1 单元格开始按下列格式输入数据，并记录输入后的数据显示格式。工作簿以 4-Lx1.xls 为文件名保存在 D 盘自己的姓名文件夹中。

文本	填入的具体内容	数值	日期	时间
学校：	xxxxxxxx	123.56	1986-5-8	10:20:15
班级：	xxxxxx	0.125	1987/10/1	9:5
姓名：	xxx	1 1/4	9-15	2:30 pm
身份证号		3e8	2006-9	16:20
邮政编码		75%	快捷键输入当前日期	快捷键输入当前时间

记录输入后的内容（注意数据的对齐方式）并思考为什么。

文本	填入的具体内容	数值	日期	时间
学校：				
班级：				
姓名：				
身份证号				
邮政编码				

2. 学会自动填充数据的方法。

从表 Sheet1 中 A10 单元格开始进行如下练习，再次保存工作簿文件。

文本 自然顺序	数值 自然顺序	等差数列	等比数列	系统 序列填充	自定义 序列填充
'010501	101	1	1	星期一	
		3	2		
向下 10 个数据	向下 10 个数据	向下 10 个数据	最大 1024	向下 10 个数据	

自己再做行方向的填充。

3．实践建立简单的数据表。

① 在 Sheet2 表中，从 A1 单元格开始，按如下内容输入数据表。

四川化工职业技术学院应用化工 0631 班级期末考试成绩表

学号	姓名	高等数学	大学英语	计应基础	政治	总分
050101	王大伟	78	80	59	92	
050102	李博	89	86	80	87	
050103	程小霞	79	75	86	91	
050104	马宏军	90	55	88	81	
050105	李小梅	96	95	97	82	
050106	丁一平	69	74	79	89	
050107	张珊珊	60	68	75	53	
050108	柳亚萍	52	79	80	90	
050109	张强	89	78	96	88	
050110	赵燕	85	89	92	85	

② 输入完成后，在"姓名"列后插入 1 列"性别"，并输入相应内容。

③ 将"政治"列移到"高数"列的前面；将"张强"行移到第一行。

④ 在"总分"列中输入计算公式（使用加法运算），注意输入单元格名称时的方法（人工输入与鼠标指示输入）。练习输入 2～3 人后，再使用公式复制的方法完成其他人的总分计算公式。

记录王大伟的总分计算公式为：＿＿＿＿＿＿＿＿＿＿＿＿＿＿＿＿＿＿。

⑤ 将表 Sheet1 更名为"输入练习"，表 Sheet2 更名为"成绩表"，并将"成绩表"移动到最左边。

⑥ 将总分数据复制，然后选择性粘贴（选择值）到原处。

⑦ 存盘退出 Excel 2003。

⑧ 重新打开工作表，另存为一个文件到自己的磁盘或优盘，为下次练习做准备。

⑨ 自由练习行、列、单元格的选定、复制、移动、删除、清除等基本操作，不再保存工作簿。

三、操作指导

数据输入是使用 Excel 的第一步，应该养成良好的输入习惯，规范使用 Excel 各项功能。

1. 熟悉使用 Excel

Excel 与 Word 在工作界面上有许多相似。打开 Excel，移动方向键，看看名称框里的变化，同时行、列标题会提示活动单元格行和列的状态，如图 4-1 所示。

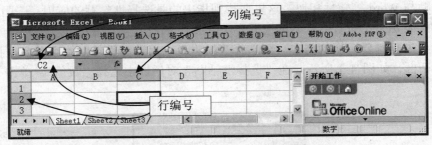

图 4-1　名称框、活动单元格行列标题状态

2. 数据输入

在 A1 单元格中输入 1236，按回车键，会自动定位到 A2 单元格，按回车键一般会自动定位到下一行的单元格，可以使用"工具"→"选项"菜单命令选择"编辑"选项卡设定按回车键后移动的方向，如图 4-2 所示。再输入 2340，按向右的方向键，也会完成数据输入，同时将定位到 B2 单元格。可以按需要操作方向键移动活动单元格。

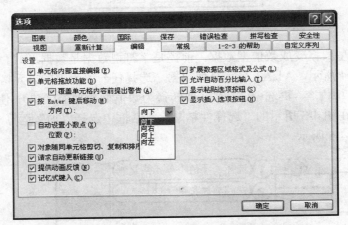

图 4-2　更改按回车键活动单元格的移动方向

删除：定位到 A1 单元格，按删除键，会看到输入的内容被删除。

编辑：定位到要编辑的单元格，在编辑栏中编辑，双击要编辑的单元格，可在单元格内编辑。这时方向移动键不能结束编辑状态，只能改变插入点在编辑栏的位置。

3. 字符型数据的输入

当输入的内容不能构成数字或日期、时间时，可以直接输入，输入的内容自动按字符方式处理。当输入的内容能够构成数字或日期、时间时，直接输入是不会作为字符对待的，因此最容易出现错误，可以有两种办法解决。

第一种办法是在输入的内容前加引导符"单引号"，教材中已经讲解。

第二种办法是更改要输入文本内容的单元格格式为"文本"格式。首先选择要更改格式的单元格，再选择"格式"→"单元格"菜单命令，弹出"单元格格式"对话框，在"数字"选项卡中选择"文本"。

4．序列填充

参见教材内容。

5．复制粘贴

复制粘贴与 Word 等软件相似，这里要特别指出的是选择性粘贴的应用。下面列举一二：

第一：只需要公式的结果，不再保留公式。

方法：首先复制要转换的内容，再选择"编辑"→"选择性粘贴"菜单命令打开"选择性粘贴"对话框，如图 4-3 所示。在"选择性粘贴"对话框中选择"数值"，单击"确定"按钮完成。

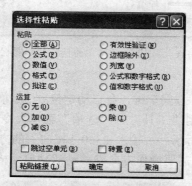

图 4-3   "选择性粘贴"对话框

第二：将字符型数据变成数值型数据，前提是字符型数据是数据形式。

方法：如图 4-4 所示，A1:A3 是字符型数据，选择任一值为零的单元格（如 B1，可以是空单元格），复制选中内容，再选中 A1:A3（要转换为数值型数据的区域），使用"编辑"→"选择性粘贴"命令，在图 4-3 所示的"选择性粘贴"对话框中选择"加"运算，单击"确定"按钮完成转换，如图 4-5 所示。

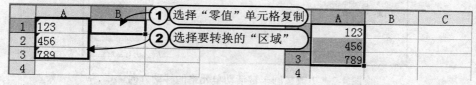

图 4-4   转换前字符型数据情况   图 4-5   转换后变为数值型数据情况

同样利用"选择性粘贴"方法可对实现对某一区域的数据加倍、减半、降低一固定值等操作，练习时可以试试。

四、思考提高

1．将数值量作为文本输入，应该怎样操作？

2．总结自动填充功能的使用方法。

3．说明在公式输入中使用鼠标指示输入单元格名称有什么优点？

4．在 Excel 2003 中删除与清除单元格命令的区别是什么？

5．后面要求不再保存工作簿有什么作用？

五、考核方法

根据实现目标的情况打分，实训内容 1，2 占 40 分，内容 3 占 60 分。

六、学习资源

单元格中常见的出错信息及原因，有此出错信息现在可能不会遇到，以后出现可以查阅。

出错信息	可能的原因	出错信息	可能的原因
#####	数值型数据宽度不够	#VALUE!	参数或操作数类型错误
#DIV/0!	公式被零除	#NAME	公式中有不可识别的名字
#N/A	没有可用的数值	#REF	公式引用了无效的单元格
#NUM	公式中某个数字有问题	#NULL	两个区域交集为空

实训 4-2　表格编辑和格式化

一、实训目的

1. 练习函数的输入及应用。
2. 掌握绝对引用与相对引用的区别及应用特点。
3. 学会工作表的复制、移动、插入。
4. 学会工作表数据的自定义格式化和自动格式化。
5. 练习工作表窗口的拆分与冻结。

二、实训内容

1. 练习函数的输入及应用。

① 打开上次实验保存的工作簿文件 4-Lx1.xls，将总分删除，重新使用函数 Sum() 计算总分。注意计算参数的输入方式，使用公式复制完成其他公式的输入。

记录王大伟的总分计算公式为：＿＿＿＿＿＿＿＿＿＿＿＿＿＿＿＿＿＿＿＿＿。

② 在总分的右边增加一列，标题输入"平均分"，在其他各行输入平均分计算公式。

记录王大伟的平均分计算公式为：＿＿＿＿＿＿＿＿＿＿＿＿＿＿。计算结果为：＿＿＿＿＿，人工计算结果为：＿＿＿＿，是否一致，若不一致想想为什么。

③ 在平均分的右边再增加一列，标题输入"评定"，在下面内容中输入条件函数，当平均分>=85 时，评定为"优秀"，小于 85 分时不输入内容。

记录王大伟的评定计算公式为：＿＿＿＿＿＿＿＿＿＿＿＿＿＿＿＿。

④ 在最后一行下面一行"姓名"列中输入"全班平均分"，在政治、高等数学、大学英语、计应基础、总分、平均分列中分别计算全班相应列的平均分。

⑤ 保存该工作簿文件。

2. 练习工作表的复制、移动、插入。

① 建立如下"ABC 公司一月份职工工资表"。

ABC 公司一月份职工工资表								
编号	姓名	性别	职称	基本工资	补贴工资	效益奖金	扣款合计	实发工资
050101	张三	女	讲师	600	300	1000	50	
050102	李四	男	副教授	1280	600	1800	30	
050103	王五	男	讲师	800	500	1000	0	
050104	赵六	女	副教授	1200	600	1750	20	
050105	孙七	男	教授	2000	1200	2500	30	

② 输入实发工资的计算公式，公式为：＿＿＿＿＿＿＿＿＿＿＿。

③ 更改工作表名称为"一月份"。

④ 在表中最后一行下面用函数计算最高基本工资与最低基本工资。

⑤ 将"一月份"工作表复制一份到"一月份"后面，将其更名为"二月份"，并更改表中的扣款合计（数据自定），标题文字改为："ABC 公司二月份职工工资表"。

⑥ 以 4-Lx2.xls 保存工作簿，位置仍然在 D 盘自己的姓名文件夹中。

3. 格式化工作表。

① 打开 4-Lx1.xls 工作簿，将"成绩表"工作表的第一行标题合并居中。将各列列宽设定为最适合宽度，表格添加细框线。

② 打开工作簿 4-Lx1.xls，对"成绩表"成绩数据区设置条件格式，成绩不及格的使用红色加粗显示，保存工作簿。

③ 打开 4-Lx2.xls 工作簿，将"一月份"工作表格式设定为如图 4-6 所示样表。

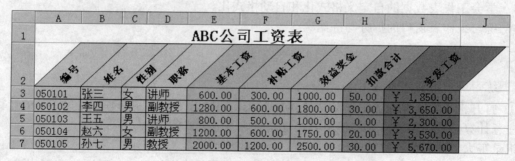

图 4-6　设定的效果

④ 练习教材中图 4-29 所示，绝对引用示例。

⑤ 练习教材中歌手大赛评分工作表（若时间不够，可不要求）。

三、操作指导

教材中对本部分内容有比较系统的讲解，本部分主要对教材中不详细的方面进行补充，练习时不要脱离教材。

单元格格式设定包括"数值"、"对齐"、"字体"、"边框"、"图案"等内容，下面我们对主要内容进行介绍。

"数值"选项卡：主要是规定单元格内容的显示方式，不加指定时是常规方式，输入数值时按输入数值的形式显示，如整数、小数，输入字符时按字符格式显示；输入分数、按科学计数法输入数据、输入日期数据、时间数据、货币格式时，单元格自动设置为分数格式、科学计数格式、日期格式、时间格式、货币格式，如图 4-7 所示。

	A	B	C	D
1	输入内容	显示情况	输入内容	显示格式
2	*123*	123	*$123*	$123
3	*1.23*	1.23	*¥123*	¥123
4	*1 2/3*	1 2/3	*1989-1-18*	1989-1-18
5	*1.2e3*	1.20E+03	*11:50*	11:50

图 4-7 单元格格式

"对齐"选项卡：文本对齐方式有水平对齐和垂直对齐，基本对齐中的左对齐、居中、右对齐、两端对齐、分散对齐与 Word 的相似。填充和跨列居中比较特殊，方向也与 Word 中的不同，分别说明如下：

填充：是重复单元格内容，直到充满整个单元格宽度，若右边单元格也是填充，继续向右扩展，如图 4-8 所示。

跨列居中：是单元格内容显示在右边相邻格式为跨列居中所有连续单元格的中间位置。如图 4-9 所示，B2:D2 是跨列居中格式的单元格，内容在 B2 单元格中，B2 内容显示在 B2:D2 的中间位置，B2、C2、D2 仍然是三个单元格；下行 B3:D3 是通过合并单元格合并居中，内容显示相同，但只有 B3 单元格，没有 C3、D3 单元格。

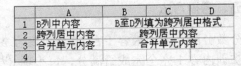

图 4-8 填充格式示例　　　　　　　　图 4-9 跨列居中示例

方向：控制文字在单元格中显示的方向，如图 4-10 所示控制，左边是垂直显示，右边是设定倾斜角度，下面可以精确调整倾斜角度值，倾斜效果如图 4-11 所示。

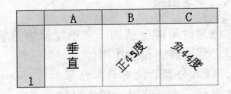

图 4-10 倾斜控制　　　　　　　　图 4-11 倾斜效果

"边框"选项卡：边框的设定与 Word 中的边框相似，使用中应该注意的是选定的区域，如图 4-12 所示边框设定界面中预览区域显示的选定区域的情况，外框是选定区域的边线；不同的边框要设定不同的线条样式和颜色，应先选择线条样式和颜色，再使用预览区域左边和下边的八个按钮应用样式。

四、思考提高

1．比较两种总分计算办法，理解使用函数计算的优势。

2．若有时间可以再做一下三月份的工资表。假定公司效益提高要调整工资，基本工资上浮 20%，应该怎样处理？（本题可选做）

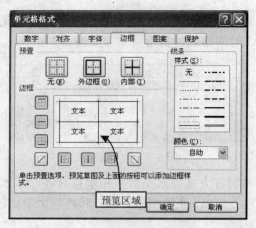

图 4-12　单元格格式对话框边框选项卡

3. 在工作表中，采用条件格式设置数据格式的作用及具体操作？

4. 在工作表中，改变数值型数据的格式是否改变数据的大小？如果要减少小数点后位数又该如何操作？

5. 总结什么时候使用相对引用，什么时候使用绝对引用？

6. 若在工资发放时，工资发放按四舍五入精确到元，实发工资计算公式应该怎样修改？

五、考核方法

分数分配：实训内容 1 占 40 分，内容 2 占 30 分，内容 3 占 30 分。

实训内容 1 完全完成给满分，每小项 8 分，无原则性错误给 5 分以上。

实训内容 2 完全完成给满分，每小项 5 分，无原则性错误给 3 分以上。

实训内容 3 完全完成给满分，每小项 6 分，第⑤小项若没有按要求完成，可将分值分配到其他小项，完成的同学可加分。

六、学习资源

在练习时可能会遇到一些不理解的问题，或者遇到问题后不知道怎样解决，下面列举两例，以起到抛砖引玉的作用。

1. 输入公式后没有计算结果

在进行公式计算时，输入公式后没有计算结果，只看见公式文本，如图 4-13 所示。原因是区域 E2:E3 单元格被设置成文本格式，公式文本就直接显示在单元格中，没有计算结果。解决的办法是重新设定公式单元格为常规或数值的某一格式，重新输入公式，就可获得公式的计算结果。

	A	B	C	D	E
1	姓名	基本工资	资金	扣款	合计
2	张三	1200	1500	550	=B2+C2-D2
3	李四	1000	1600	500	=B3+C3-D3

图 4-13　输入公式后显示公式文本

2. 显示的数据计算结果不正确

如图 4-14 所示的成绩数据中，结业成绩是平时成绩与考试成绩的平均值，有底纹的内容看起来计算结果不正确，如王五的成绩应是 86（四舍五入），不应该是 85，这是 Excel 软件的故障吗？回答肯定是否定的。原因是当单元格显示值格式是常规时，若显示宽度不能显示所有小数时，显示内容会自动根据显示宽度对显示不完的部分进行四舍五入显示；当单元格显示值格式是数值时，若设定的小数位数不能显示所有小数时，显示内容会自动根据设定的小数位数对显示不完的部分进行四舍五入显示。无论哪种情况，单元格的值只是进行四舍五入显示，而值本身并没有进行四舍五入，参与计算还是原值，这就造成显示值与计算机值不一致的情况。使用 Excel 时应特别注意这种不一致的情况。

	A	B	C	D	E	F	G	H	I	J	K	L	M	X	Y	Z
1	学号	姓名	性别	平时作业记载										平时成绩	考试成绩	结业成绩
2				1次	2次	3次	4次	5次	6次	7次	8次	9次	10次			
3	07050311001	张　三	女	B	A-	A	A	A-	A	A-	A	B		92	75	84
4	07050311003	李　四	女	A-	A-	A-	A	A	A-	A	B			93	82	88
5	07050311004	王　五	女	A-	A	A	A	A	A	A	B			86	85	85
6	07050311005	赵　六	女	A-	A	A	A	A	A-	A	A			97	90	93
7	07050311006	孙　七	女	C	A	A	A	A-	A	A	A			93	80	87
8	07050311007	陈　八	女	A-	A	A	A	A-	A	A	A-			97	85	91
9	07050311008	刘　九	女	A-	A	A	A	A	A-	A	A-			97	90	93

图 4-14　显示的数据计算结果不正确情况

本例只显示整数部分，对小数部分进行四舍五入，当我们调宽"平时成绩"和"考试成绩"列宽后，显示如图 4-15 所示。从显示的值就可以看出为什么会出现显示结果"计算错误"。参与计算的并不是显示值，而是单元格真实的值。

	A	B	C	D	E	F	G	H	I	J	K	L	M	X	Y	Z
1	学号	姓名	性别	平时作业记载										平时成绩	考试成绩	结业成绩
2				1次	2次	3次	4次	5次	6次	7次	8次	9次	10次			
3	07050311001	张　三	女	B	A-	A	A	A-	A	A-	A	B		92.2	75	84
4	07050311003	李　四	女	A-	A-	A-	A	A	A-	A	B			93.3	82	88
5	07050311004	王　五	女	A-	A	A	A	A	A	A	B			85.6	85	85
6	07050311005	赵　六	女	A-	A	A	A	A	A-	A	A			96.7	90	93
7	07050311006	孙　七	女	C	A	A	A	A-	A	A	A			93.3	80	87
8	07050311007	陈　八	女	A-	A	A	A	A-	A	A	A-			96.7	85	91
9	07050311008	刘　九	女	A-	A	A	A	A	A-	A	A-			96.7	90	93

图 4-15　显示值与单元格本身的值存在差异

怎样保证按四舍五入的结果进行计算呢？这在金融系统中尤其重要，要保证显示结果与值一致，应该使用 ROUND()四舍五入函数，同时保证显示的有效位数与 ROUND()四舍五入函数计算的有效位数一致。

实训 4-3　页面设置与打印

一、实训目的

1. 会页面设置，理解各项参数的作用。
2. 会利用打印预览观察打印效果，并调整打印设置。
3. 会人工调整分页位置及使用打印机打印输出。

二、实训内容

1. 检查 Excel 是否可以使用"页面设置"菜单命令。若不行，试着安装一台打印机，以便后续实验能够继续。

2．打开一个自备的用于打印的电子工作簿文档，文档内容不能太少，应在两个页面以上。若内容太少，可以通过复制粘贴功能增加新的数据。

3．进行页面设置。

（1）纸张设定为 A4，设置合适的页边距。

（2）设定页眉为自己的班级名称、学号、姓名。

（3）设定页脚为"第 1 页，共？页"。

（4）设置行标题重复。

4．通过打印预览功能观察打印效果是否满意，不满意进行修改。

5．在打印机上打印出来，作为本次实验结果交老师。

三、操作指导

注意打印纸的放置，应按纸张纵向使用时的尺寸的规格放置。若设置成横向使用纸张，在安装打印纸时，仍然按照纵向使用的方式放置打印纸。

四、思考提高

1．如果一张工作表较大，不能在一张纸上打印出来时，请问该采用哪些方法解决？

2．临时打印工作表中的部分内容，应该怎样打印？

五、考核方法

根据打印作品进行评定，每缺失一项扣 5 分，若没有设置行标题重复扣 10 分。

实训 4-4　建立图表

一、实训目的

1．理解图表表达的意义。

2．学会图表的创建。

3．学会图表的编辑。

4．学会图表的格式化。

二、实训内容

1．启动 Excel 2003，在空白工作表中输入以下数据，并以 4-Lx3.xls 为文件名保存在 D 盘自己的姓名文件夹中。

某职业技术院校学生人数					
年级	机电系	化工系	制环系	信息系	经管系
大一	400	550	500	300	350
大二	300	500	400	200	250
大三	260	480	380	160	220

2．利用上表数据绘制如下图表，并阐述每一图表所表达的意义。

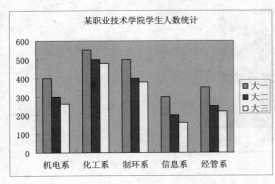

（一）

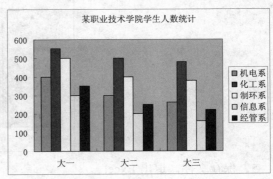

（二）

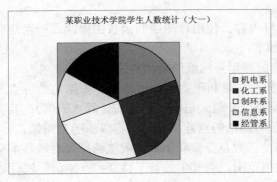

（三）

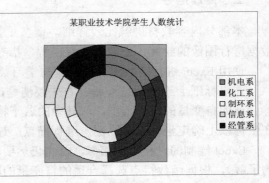

（四）

填写下表：

第（一）图意义	第（二）图意义
第（三）图意义	第（四）图意义

3．练习使用图表的格式化操作，将图表变得更美观。

4．使用 XY 散点图绘制函数 $Y=X^2$ 的函数图像。图像结果如下：

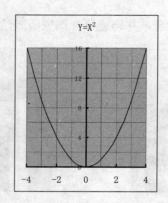

5. 保存文件，退出 Excel。

三、操作指导

本部分内容教材讲解比较详细，请参见教材内容。使用作图绘制函数图像，或一组测验数据进行图像的绘制，在教材没有讲解，指导如下：

使用 Excel 进行函数图像的绘制与学习数学时使用坐标纸绘制函数图像相似。

在坐标纸上绘制的过程是：首先要清楚函数自变量和函数的取值范围，根据函数特点选择合适的自变量的取值范围，取其中的若干特征点（X 值）进行函数值的计算（Y 值）；其次在坐标纸上确定坐标轴和比例，进行描点；最后将描绘的点连接起来就构成了函数图像。

Excel 绘制的过程与此相似，首先仍然要清楚函数自变量和函数的取值范围（对函数本身的了解），根据函数特点选择合适的自变量的取值范围，取其中的若干特征点（X 值）进行函数值的计算（Y 值）。只是函数值的计算和描点绘图工作都可以交由 Excel 完成。下面以绘制 Y=Sin(x)正弦函数图像为例说明如下：

分析：Y=Sin(x)正弦函数是周期函数，周期为 2π，绘制图像只需要绘制一个周期的图像，因此可以确定 X 的取值范围为$[0, 2\pi]$，为了使图像平滑，可以按 $\pi/4$ 间隔取点，即 X 取值为：

X 值	0	$\pi/4$	$\pi/2$	$3\pi/4$	π	$5\pi/4$	$3\pi/2$	$7\pi/4$	2π
Y 值	0	Y 值不用自己计算，交由 Excel 完成							

绘制：将上述 X 值在 Excel 中输入，同时计算函数 Y 的值，如图 4-16 所示，函数 PI()是 π 值。选择区域 B1:C10，单击"常用"工具栏上的"图表向导"按钮" "，在弹出的"图表向导"对话框中选择图表类型为"XY 散点图"，在右边选择"平滑线散点图"子图类型，如图 4-17 所示。绘图时若不需要将数据点描绘出来，可以选择"无数据点平滑线散点图"子图类型。

	C2	▼	f_x	=SIN(B2)	
	A		B	C	D
1	X列值输入的内容		X	Y=Sin(x)	Y值计算公式C2内容
2	=PI()/4*0		0.000	0.000	=SIN(B2)
3	=PI()/4*1		0.785	0.707	
4	=PI()/4*2		1.571	1.000	
5	=PI()/4*3		2.356	0.707	
6	=PI()/4*4		3.142	0.000	C2单元格公式向下
7	=PI()/4*5		3.927	-0.707	复制进行其它X值
8	=PI()/4*6		4.712	-1.000	的计算
9	=PI()/4*7		5.498	-0.707	
10	=PI()/4*8		6.283	0.000	

图 4-16   自变量 X 与函数 Y=Sin(x)的对应关系

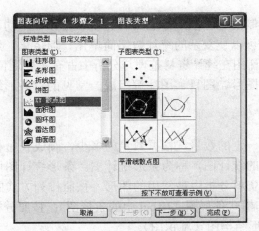

图 4-17　设定图表类型和子图类型

可以单击"下一步"按钮设置其他参数，也可以单击"完成"按钮，绘制的图像如图 4-18 所示。

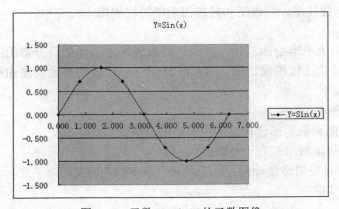

图 4-18　函数 Y=Sin(x)的函数图像

在绘制函数图像时，x 的取值不一定要等间距取值，可以在图像变化大的范围取值间隔小，变化小的范围取值间隔大。但 x 的取值必须按由小到大的顺序取值。

四、思考提高

图表和创建图表的工作表的数据区域是否有关系？当删除图表中的系列后是否删除工作表的数据区域中对应的数据？

五、考核方法

内容 1　分值 10 分，保存位置、文件名正确给分。

内容 2　分值 60 分，每个小图和对应的图意义正确 15 分。

内容 3　分值 10 分，根据绘制图的美观情况给分。

内容 4　分值 20 分，符合要求给 20 分，标注不正确扣 5 分。

六、学习资源

Excel 图表功能是建立统计图的有力工具。在统计学中统计图是根据统计数据，用几何图形、实物形象和地图等绘制的各种图形。它具有直观、形象、生动、具体等特点，有"一图解千文"的说法。统计图可以使复杂的统计数字简单化、通俗化、形象化，使人一目了然，便于理解和比较。因此统计图在统计资料整理与分析中占有重要地位，并得到广泛应用。

统计图一般由图形、图号、图目、图注等组成。常见的有条形统计图、扇形统计图、折线统计图等。

1．条形统计图

用一个单位长度表示一定的数量，根据数量的多少，画成长短相应成比例的直条，并按一定顺序排列起来，这样的统计图，称为条形统计图。条形统计图可以直观地表明各种数量的多少。条形图是统计图资料分析中最常用的图形。按照排列方式的不同，可分为纵式条形图（Excel 中的柱形图）和横式条形图（Excel 中的条形图）；按照分析作用的不同，可分为条形比较图（族状图）和条形结构图（堆积图）。

条形统计图的特点：

（1）能够显示每组中的具体数据。

（2）易于比较数据之间的差别。

在 Excel 中还有圆柱图、圆锥图和棱锥图功能与柱形图十分相似。

2．扇形统计图

以一个圆的面积表示事物的总体，以扇形面积表示占总体的百分数的统计图，叫做扇形统计图，也叫做百分数比较图或饼图。扇形统计图可以比较清楚地反映出部分与部分、部分与整体之间的数量关系。

扇形统计图的特点：

（1）用扇形的面积表示部分在总体中所占的百分比。

（2）易于显示每组数据相对于总数的大小。

在 Excel 中饼图对应扇形统计图，只能表示一个事物的情况，为了表示多个事物的情况在 Excel 中还提供了圆环图。

3．折线统计图

折线统计图是以折线的上升或下降来表示统计数量随时间或类别的增减变化的统计图。与条形统计图比较，折线统计图不仅可以表示数量的多少，而且可以反映同一事物在不同时间或类别里的发展变化的趋势，也可用来分析、比较多组数据随时间或类别变化的趋势。折线图在统计中运用较为普遍。

折线统计图最大的特点就是能够显示数据随时间或类别变化的趋势，反映事物的变化情况。

在折线图中，一般情况下水平轴（X 轴）用来表示时间或类别的推移，并且时间间隔相同；而垂直轴（Y 轴）代表不同时刻的数值的大小。

实训 4-5 数据处理

一、实训目的

1．掌握数据清单的建立规则，会使用记录单。

2．掌握使用数据有效性规则，能保证数据值的合法性。

3．学会数据列表的排序、筛选。

4．学会数据的分类汇总。

二、实训内容

1．启动 Excel 2003，建立一个如下所示的数据列表（当然也可打开在前面实验中保存的 4-Lx1.xls 文件），并以 4-Lx4.xls 为文件名保存在 D 盘自己的姓名文件夹中。

学号	姓名	性别	政治	高等数学	大学英语	计应基础	总分	平均分
050101	王大伟	男	92	78	80	59	309	77.25
050102	李博	男	87	89	86	80	342	85.50
050103	程小霞	女	91	79	75	86	331	82.75
050104	马宏军	男	81	90	55	88	314	78.50
050105	李小梅	女	82	96	95	97	370	92.50
050106	丁一平	男	89	69	74	79	311	77.75
050107	张珊珊	女	53	60	68	75	256	64.00
050108	柳亚萍	女	90	52	79	80	301	75.25
050109	张强	男	88	89	78	96	351	87.75
050110	赵燕	女	85	85	89	92	351	87.75

四川化工职业技术学院应用化工 1131 班级期末考试成绩表

2．使用记录单，再添加 5 个记录（数据内容见下面所列情况）。关闭记录单后，观察输入的数据与直接在电子表格中输入有什么不一样。

3．设置成绩数据区的数据有效性，使其只接受 0～100 分范围内的小数，并输入自定义的错误提示信息（提示内容自定）。

4．进行排序操作练习。

（1）一个关键字排序。按平均分由大到下的顺序排列。

（2）确定学生成绩班级名次。

（3）多关键字排序。按性别排序，性别相同时按总分降序排列。

（4）恢复原顺序。按学号排序。

5．数据筛选（自动筛选）。

（1）筛选出优秀学生。筛选出平均分 85 分以上的人员。

（2）筛选所有男生的记录（注意一个筛选条件）。

（3）同时设定性别等于男，平均分 85 分以上条件进行筛选。

（4）筛选出姓"李"的人员（注意一个筛选条件）。

（5）取消筛选，退出自动筛选。

6．分类汇总。

（1）按性别分别求出男生和女生的各科平均成绩（不包括总分），平均成绩保留 1 位小数。

（2）在原有分类汇总的基础上，再汇总出男生和女生的人数（汇总结果放在性别数据下面）。

（3）观察分级显示分类汇总数据，理解分级含义。

（4）删除分类汇总，恢复到原始状态。

7．存盘退出 Excel 2003，并将 4-Lx4.xls 文档同名另存到软盘或优盘中。

三、操作指导

本次实验最容易出现的问题是在分类汇总时，没有对分类字段进行排序，从而得到无用的分类汇总结果。如图 4-19 所示数据，要统计男女生的"总分"平均分，若没有对分类字段排序，将会出现如图 4-20 所示的结果。分类汇总数据中有多个男女"总分"的平均值，很显然是没有意义的。

	A	B	C	D	E	F	G	H
1				网络2班成绩表				
2	编号	姓名	性别	政治	英语	数学	网络基础	总分
3	080101	张三	女	56	82	83	88	309
4	080102	李四	男	78	76	90	90	334
5	080103	王五	男	59	59	84	76	278
6	080104	赵六	女	61	86	72	85	304
7	080105	孙七	男	77	83	95	92	347

图 4-19　进行分类汇总的数据

	A	B	C	D	E	F	G	H
2	编号	姓名	性别	政治	英语	数学	网络基础	总分
3	080101	张三	女	56	82	83	88	309
4			女 平均值					309
5	080102	李四	男	78	76	90	90	334
6	080103	王五	男	59	59	84	76	278
7			男 平均值					306
8	080104	赵六	女	61	86	72	85	304
9			女 平均值					304
10	080105	孙七	男	77	83	95	92	347
11			男 平均值					347
12			总计平均值					314

图 4-20　分类汇总数据中有多个男女"总分"的平均值

因此，首先应对分类字段排序，使其同类项聚集在一起，然后再进行分类汇总，如图 4-21 所示是排序后的情况，图 4-22 所示是分类汇总后的情况。

	A	B	C	D	E	F	G	H
1				网络2班成绩表				
2	编号	姓名	性别	政治	英语	数学	网络基础	总分
3	080102	李四	男	78	76	90	90	334
4	080103	王五	男	59	59	84	76	278
5	080105	孙七	男	77	83	95	92	347
6	080101	张三	女	56	82	83	88	309
7	080104	赵六	女	61	86	72	85	304

图 4-21　按性别排序后，男生女生排在一起

	A	B	C	D	E	F	G	H
1				网络2班成绩表				
2	编号	姓名	性别	政治	英语	数学	网络基础	总分
3	080102	李四	男	78	76	90	90	334
4	080103	王五	男	59	59	84	76	278
5	080105	孙七	男	77	83	95	92	347
6			男 平均值					320
7	080101	张三	女	56	82	83	88	309
8	080104	赵六	女	61	86	72	85	304
9			女 平均值					307
10			总计平均值					314

图 4-22　分类汇总结果

四、思考提高

1．设定数据有效性的作用是什么？若要对性别字段设定为列表选择方式输入，应该怎样

操作？

2．多关键字排序超过 3 个时，应该怎样处理？

3．进行分类汇总操作前，必须进行什么操作？

4．对数据列表中的数据筛选后，不符合条件的记录是被删除了还是隐藏了？如果要重新看到数据列表中的所有记录又该如何操作？

五、考核方法

本实训内容中的 2、3、4、5、6 检查记分，分数分配如下：

内容 2 使用记录单输入 10 分。

内容 3 完成 20 分，检查有效性设置的区域。

内容 4 完成 30 分，现场操作检查。

内容 5 完成 30 分，现场操作检查。

内容 6 完成 10 分，没有对分类字段排序扣 8 分。

实训 4-6　Excel 2003 高级应用

一、实训目的

学会 Excel 2003 中高级筛选各种条件设计及操作的方法、数据透视表的建立及修改方法和函数的应用。

1．能使用单一条件的高级筛选。

2．会对多个（与关系、或关系和复杂条件关系）条件进行高级筛选。

3．能快速地建立简单的数据透视表。

4．能按要求修改数据透视表。

5．会利用相关函数完成对数据表的基本计算和统计工作。

二、实训内容

数据表如下图所示，要求完成以下几项实验任务：

	A	B	C	D	E	F	G
1					学生登记表		
2	学号	姓名	性别	年龄	系别	班级	入学成绩
3	1	李天才	女	18	计算机科学系	计算机一班	450
4	2	韩天	女	21	计算机科学系	计算机一班	462
5	3	徐康梅	女	19	计算机科学系	计算机一班	430
6	4	王利容	女	20	计算机科学系	计算机二班	420
7	5	李虹	男	21	计算机科学系	计算机二班	388
8	6	李琳	男	21	计算机科学系	计算机二班	486
9	7	万容	女	18	计算机科学系	计算机三班	400
10	8	毛雨	男	19	计算机科学系	计算机三班	410
11	9	罗靖	男	21	电子工程系	电子一班	420
12	10	钟雪松	男	22	电子工程系	电子一班	423
13	11	杨钞	男	21	电子工程系	电子一班	440
14	12	杜小勤	女	20	电子工程系	电子一班	460
15	13	顾邦玉	男	20	电子工程系	无线一班	480
16	14	李秋月	女	19	电子工程系	无线一班	462
17	15	李丹	女	20	电子工程系	无线一班	438
18	16	章潜苗	男	22	化学工程系	化机一班	399
19	17	郑永波	女	21	化学工程系	化机一班	396

1. 高级筛选

①从数据表中筛选出性别为"女"的学生信息，并将结果放置在 A22 开始的单元格中。

②从数据表中筛选出所有计算机班（包含一班、二班、三班）男同学的学生信息，并将结果放置在上一题的后面单元格中。

③从数据表中筛选出电子工程系的所有男同学或入学成绩大于等于 450 分的同学的信息，并将结果放置在上一题的后面。

2. 数据透视表

①建立如图所示的学生数据透视表计算各系男女同学的平均年龄。

3	平均值项:年龄	性别		
4	系别	男	女	总计
5	电子工程系	21	19.66666667	20.42857143
6	化学工程系	22	21	21.5
7	计算机科学系	20.33333333	19.2	19.625
8	总计	20.875	19.55555556	20.17647059

②在上一题的基础上，将数据透视表修改成如图所示的数据透视表计算各班男女同学的平均年龄。

3	平均值项:年龄	性别		
4	班级	男	女	总计
5	电子一班	21.33333333	20	21
6	化机一班	22	21	21.5
7	计算机二班	21	20	20.66666667
8	计算机三班	19	18	18.5
9	计算机一班		19.33333333	19.33333333
10	无线一班	20	19.5	19.66666667
11	总计	20.875	19.55555556	20.17647059

③利用数据透视表建立如下图所示的计算各班各年龄段的男女同学数。

3	计数项:年龄	性别		
4	班级	男	女	总计
5	电子一班	3	1	4
6	化机一班	1	1	2
7	计算机二班	2	1	3
8	计算机三班	1	1	2
9	计算机一班		3	3
10	无线一班	1	2	3
11	总计	8	9	17

三、操作指导

本部分内容教材比较详细，请参见教材内容。

四、思考提高

1. 将条件设置为如下两图所示，则筛选的结果会是什么？

年龄	性别	班级	入学成绩
21	女		
		电子	>420

年龄	性别	班级	入学成绩
21	女		
		电子	
			>420

2. 如何创建如下图所示的计算各班平均入学成绩的数据透视表。

3 平均值项:入学成绩	性别 ▼		
4 班级 ▼	男	女	总计
5 电子一班	427.6666667	460	435.75
6 化机一班	399	396	397.5
7 计算机二班	437	420	431.3333333
8 计算机三班	410	400	405
9 计算机一班		447.3333333	447.3333333
10 无线一班	480	450	460
11 总计	430.75	435.3333333	433.1764706

五、考核方法

内容 1 高级筛选占 50 分。①、②内容各 15 分，③内容 20 分。

内容 2 数据透视表占 50 分。①、②内容各 20 分，③内容 10 分。

若完成思考提高中的内容可以加分。

六、学习资源

数据透视表使用方法 123

（1）通常，透视表项目的排列顺序是按升序排列或取决于数据在源数据表中的存放顺序。若需要调整该排列顺序，可以右击透视表项，如图 4-23 所示是右击"化机一班"后，在弹出的快捷菜单中选择"顺序"的情况，有"移至首端"、"上移"、"下移"和"移至尾端"四个选项，选择下移后的情况如图 4-24 所示。

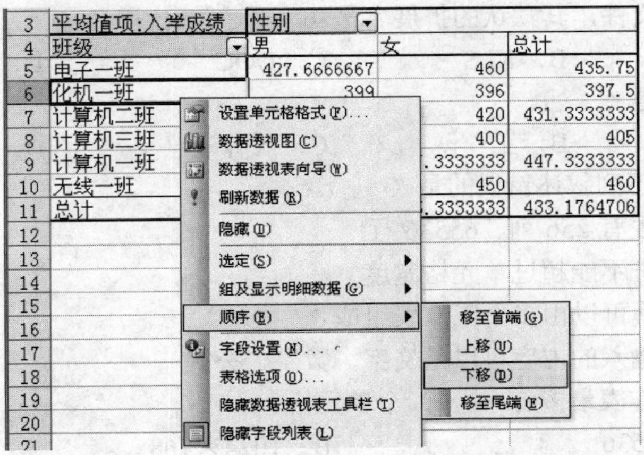

图 4-23　右击"化机一班"后选择"顺序"情况

3 平均值项:入学成绩	性别 ▼		
4 班级 ▼	男	女	总计
5 电子一班	427.6666667	460	435.75
6 计算机二班	437	420	431.3333333
7 化机一班	399	396	397.5
8 计算机三班	410	400	405
9 计算机一班		447.3333333	447.3333333
10 无线一班	480	450	460
11 总计	430.75	435.3333333	433.1764706

图 4-24　"化机一班"下移后的情况

（2）通过双击透视表中汇总数据单元格，可以在一个新表中得到该汇总数据的明细数据，对其可以进行格式化、排序或过滤等常规编辑处理；决不会影响透视表和源数据表本身；该功能对外部数据源的情况尤其有用，因为这时不存在单独的直观的源数据表供你浏览查阅，若双击图 4-24 中的计算机二班男生单元格中的数据"437"，就会在一个新的表格中显示如图 4-25 所示的明细数据。

	A	B	C	D	E	F	G
1	学号	姓名	性别	年龄	系别	班级	入学成绩
2	6	李琳	男	21	计算机科学系	计算机二班	486
3	5	李虹	男	21	计算机科学系	计算机二班	388

图 4-25　计算机二班男生的明细数据

（3）透视表在进行 TOP 10 排序时会忽略被过滤掉的项目，因此在使用此功能时要特别注意。

自测题

一、单选题

1. Excel 是运行在 （　　） 的基础上的。
   A．Windows　　　　B．DOS　　　　　　C．WPS　　　　　　D．UC-DOS
2. Excel 2003 中，用来存储并处理工作表的文件，称为 （　　）。
   A．工作表　　　　　B．单元格　　　　　C．工作区　　　　　D．工作簿
3. Excel 工作簿文件，其默认的扩展名是 （　　）。
   A．SLX　　　　　　B．XLS　　　　　　C．DOC　　　　　　D．DBF
4. Excel 的文件是 （　　）。
   A．文档　　　　　　B．工作簿　　　　　C．工作表　　　　　D．单元格
5. 在 Excel 中，下列叙述错误的是 （　　）。
   A．每个工作表有 256 列、65536 行
   B．输入的字符不能超过单元格宽度
   C．每个工作簿可以由多个工作表组成
   D．单元格中输入的内容可以是文字、数字、公式
6. Excel 2003 工作表最多有 （　　） 个单元格。
   A．65536×65536　　　　　　　　　　B．1024×768
   C．65536×256　　　　　　　　　　　D．256×256
7. 在 Excel 中输入邮政编码数字字符串"646000"，正确的输入方法是 （　　）。
   A．646000　　　　B．=646000　　　C．'646000　　　　D．"646000"
8. 激活 Excel 的菜单命令，（　　）。
   A．都可以用键盘上的快捷键实现　　　B．只能用鼠标操作
   C．都不能用键盘上的快捷键实现　　　D．其中一部分可以用键盘上的快捷键实现
9. 在 Excel 中要使单元格 G586 成为活动单元格，最快捷的办法是 （　　）。
   A．拖动滚动条　　　　　　　　　　　B．按 PgDn 和 PgUp 键
   C．在名称框中键入 G586　　　　　　　D．按 Alt+G586
10. 要编辑单元格内容时，在该单元格中 （　　）鼠标，光标插入点将位于单元格内。
    A．右击　　　　　　　　　　　　　　B．双击

　　　　C. 单击　　　　　　　　　　　　D. 以上都不对

11. 要删除某一单元格设置的数值格式，方法是（　　　）。

　　A. 按 Backspace 键

　　B. 选择"格式"→"单元格"菜单命令

　　C. 选择"编辑"→"清除"→"格式"菜单命令

　　D. 选择"编辑"→"删除"菜单命令

12. 绝对地址前应使用的符号是（　　　）。

　　A. #　　　　　　　B. $　　　　　　C. *　　　　　　D. ∧

13. 下列属于绝对引用的是（　　　）

　　A. A1+B1　　　　B. $A1+$B1　　　C. A1+B1　　　D. A$1+B$1

14. Excel 电子表格 A1 到 C5 为对角构成的区域，其表示方法是（　　　）。

　　A. A1:C5　　　　B. C5-A1　　　　C. A1，C5　　　　D. A1+C5

15. 在 Excel 中，使用公式输入数据时，一般在公式前需要输入（　　　）。

　　A. "　　　　　　　B. =　　　　　　C. $　　　　　　D. '

16. Sheet2!A1 的含义是（　　　）。

　　A. Sheet2 为单元格地址，A1 为工作表名

　　B. Sheet2 为工作簿名，A1 为单元格地址

　　C. Sheet2 为工作表名，A1 为单元格地址

　　D. 单元格的行列标

17. 下面（　　　）数据输入后，显示为分数 1/4。

　　A. 1/4　　　　　B. 0.25　　　　　C. 0 1/4　　　　D. 2/8

18. 在单元格中输入当天的日期用（　　　）。

　　A. Ctrl+,　　　　B. Ctrl+;　　　　C. Ctrl+Shift+;　　D. Today

19. 在 Excel 中，如果单元格 A1 的内容是一月，那么向右拖动填充柄到 D1，则 D1 单元格的值为（　　　）

　　A. 一月　　　　　B. 二月　　　　　C. 三月　　　　　D. 四月

20. 在 Excel 中，填充柄位于（　　　）。

　　A. 当前选中单元格（区域）的左上角

　　B. 当前选中单元格（区域）的右上角

　　C. 当前选中单元格（区域）的右下角

　　D. "格式"工具栏中

21. 若单元格中数据太长，不能在一行中显示而需要换行，需要按下（　　　）键。

　　A. Enter　　　　B. Space　　　　C. Alt+Space　　　D. Alt+Enter

22. 在进行分类汇总前，对数据清单必须要做的操作是（　　　）。

　　A. 对关键字排序　　　　　　　　B. 自动筛选

　　C. 选定单元格　　　　　　　　　D. 对分类字段排序

23. 在 Excel 中，各运算符号的优先级由大到小顺序为（　　　）。

　　A. 算术运算符、关系运算符、逻辑运算符

　　B. 算术运算符、逻辑运算符、关系运算符

　　C. 关系运算符、算术运算符、逻辑运算符

D．逻辑运算符、算术运算符、关系运算符

24．在 Excel 公式中用来进行乘的标记为（　　）。

A．∧ 　　　　　　　　　　　　B．（ ）

C．× 　　　　　　　　　　　　D．*

25．在 A4 单元格中输入公式：=A2+A3，把该公式复制到 B5 单元格，B5 单元格的公式是（　　）。

A．=B3+B4 　　　B．=B2+B3 　　　C．=B1+B2 　　　D．=A2+A3

26．在 A1 单元格的公式为：=SUM(B2:D6)，在用删除行的命令删除第 2 行后，A1 单元格中的公式调整为（　　）。

A．=SUM(B2:D6) 　　　　　　　B．=SUM(B3:D7)

C．=SUM(ERR) 　　　　　　　　D．=#REF

27．下列（　　）函数是计算工作表中一串数值的总和。

A．SUM(A1:A10) 　　　　　　　B．MIN(A1:A10)

C．AVG(A1:A10) 　　　　　　　D．COUNT(A1:A10)

28．公式=SUM(C2:C6)的功能是（　　）。

A．求 C2 到 C6 这五个单元格数据之和

B．求 C2 和 C6 这两个单元格的比值

C．求 C2 和 C6 这两个单元格数据之和

D．以上说法都不对

29．在 Excel 工作表中，A1、A8 单元格的数值都为 1，A9 单元格的数值为 0，A10 单元格的数据为 Excel，则函数 AVERAGE(A1:A10)的结果是（　　）。

A．0.8 　　　　　B．1 　　　　　C．8/9 　　　　　D．ERR

30．在 Excel 中，如果单元格 B2 的内容为 90，单元格 C2 的内容为 70，单元格 D2 为公式：=IF(AVERAGE(B2:C2)>80,"优","良")，则 D2 的值为（　　）。

A．优 　　　　　B．良 　　　　　C．#REF 　　　　　D．以上都不是

31．在输入公式时，由于键入错误，使系统不能识别键入的公式，则会出现一个错误信息。#REF! 表示（　　）。

A．在不相交的区域中指定了一个交集

B．没有可用的数值

C．公式中某个数字有问题

D．引用了无效的单元格

32．如果单元格 A1 设定其格式为保留 0 位小数，当在 A1 单元格中输入 12.54 时，单元格 A1 显示为（　　）。

A．12.54 　　　　B．12 　　　　　C．13 　　　　　D．ERROR

33．在单元格 A1 中的值是 1234567，执行某个操作后，A1 中的值显示为一串"#"符号，说明 A1 单元格的（　　）

A．公式有错，无法计算 　　　B．数据已经因操作失误而丢失

C．格式与类型不匹配，无法显示 　　　D．显示宽度不够，只要调整宽度即可

34．在 Excel 中，当数据源发生变化时，公式的运算结果（　　）。

A．不会发生变化 　　　　　　B．会发生变化

C．与数据源没有关系　　　　　　　　D．会显示出错信息

35．在 Excel 中，要使选中的三个连续的单元格合并为一个单元格，操作为（　　）。

  A．使用"工具"菜单的相关选项

  B．使用"格式"菜单的"单元格"选项，并设置相应的选项

  C．使用"绘图"工具栏中的"橡皮"工具，擦除三个单元格之间的竖线

  D．以上都可以

36．对于一张含性别的工作表使用自动筛选，筛选后如果选定了"女"，这时表中显示的全部是女性数据，这说明（　　）。

  A．本表中性别为"男"的数据全部丢失

  B．所有性别为"男"的数据暂时隐藏，还可以恢复

  C．在此基础上不能做进一步的筛选

  D．筛选只对字符型数据起作用

37．在 Excel 的一数据清单中，如果单击清单任一单元格后选择"数据"→"排序"命令，Excel 将（　　）。

  A．自动把排序范围限定于整个清单

  B．自动把排序范围限定于次单元格所在的列

  C．自动把排序范围限定于次单元格所在的行

  D．不能排序

38．在进行分类汇总前，必须对数据进行（　　）。

  A．有效计算　　　　　　　　　　B．建立数据库

  C．排序　　　　　　　　　　　　D．筛选

39．在 Excel 中建立图表后，下列说法正确的是（　　）。

  A．不能修改图表，只能重新建立

  B．更改工作表数据后，图表会自动更新

  C．删除图表中的系列后，图表数据也会删除

  D．不可以改变图表位置

40．在对 Excel 工作表和图表进行打印时，错误的做法是在"文件"菜单中选择（　　）选项。

  A．"打印"　　　　　　　　　　　B．"页面设置→打印"

  C．"保存文件→打印"　　　　　　D．"打印预览→打印"

41．在 Excel 中，如果只想打印工作表中的部分内容，操作为（　　）。

  A．"文件"→"打印区域"→"设置打印区域"

  B．"文件"→"页面设置"→"打印"

  C．"文件"→"打印"

  D．"打印"

42．Excel 中可以选择（　　）菜单的"拼写检查"选项开始拼写检查。

  A．插入　　　　B．格式　　　　C．编辑　　　　　D．工具

43．如果选定 C3 单元格然后执行"冻结窗格"命令，则被冻结的是（　　）。

  A．单元格　　　　　　　　　　　B．A1:C3 单元格区域

  C．A1:B2 单元格区域　　　　　　D．第 C 列和第 3 行单元格

44．在当前单元格中按回车键后光标移动的方向是（　　）。

A．向上

B．向右

C．根据"工具"→"选项"设置而定

D．向下

45．在 Excel 中，如果不允许修改工作表中的内容，要使用命令（　　）。

A．"工具"→"保护"→"保护工作表"

B．"工具"→"保护"→"允许用户可编辑区域"

C．"工具"→"保护"→"保护工作簿"

D．"工具"→"选项"

二、判断题

（　　）1．Excel 工作表在进行保存时，只能保存为后缀为.XLS 的文件，而不能存为其他格式。

（　　）2．在 Excel 中制作的表格可以插入到 Word 中。

（　　）3．（Excel 电子表格）可以把 Excel 文档转换为文本格式。

（　　）4．（Excel 电子表格）Excel 工作表中，单元格的地址是唯一的，由单元格所在的列和行决定。

（　　）5．在 Excel 中输入一个公式时，允许以等号开头。

（　　）6．输入单元格中的数据宽度大于单元格的宽度时，就显示"#####"。

（　　）7．在 Excel 中，行高不能改变，但列宽可以增加。

（　　）8．工作表中的列宽和行高是固定的。

（　　）9．（Excel 电子表格）在 Excel 中，若使用"撤消"按钮，不能撤消最近一次以上的操作。

（　　）10．Excel 中没有自动保存和自动填充功能。

（　　）11．在输入数值型数据时，不能输入任何英文字母。

（　　）12．（Excel 电子表格）在单元格中输入 781101 和输入'781101 是等效的。

（　　）13．可以使用填充柄进行单元格内容复制。

（　　）14．对单元格进行删除与清除操作，作用是一样的。

（　　）15．Excel 工作表中，数值型数据在单元格的默认显示为左对齐。

（　　）16．Excel 中允许用户改变文本的颜色。选择想要改变文本颜色的单元格或区域，只要单击"格式"工具栏的"颜色"按钮即可。

（　　）17．如果中文 Excel 要改变工作表的名字，只要单击选中的工作表的标签，此时屏幕显示一个对话框，在"名称"框中输入新的名字，单击"确定"按钮后即可。

（　　）18．图表数据与图表一定在同一工作表中。

（　　）19．在 Excel 中可以实现 3 个以上关键字的排序。

（　　）20．一个工作簿中的工作表次序是不可以调整的。

（　　）21．自动筛选中还可以使用通配符"？"或"*"。

（　　）22．在 Excel 中，给某些单元格或单元格区域设置了"条件格式"后，这种格式是可以删除的。

（　　）23．在 Excel 中，要给某单元格输入公式，选中该单元格在单元格中输入公式和在公式编辑区中输入公式的效果是一样的。

（　　）24．在 Excel 中，分类汇总数据必须先创建公式。

（　　）25．Excel 为电子表格软件，Excel 文档经打印后，即为有表格的文档。

三、多选题

1．在选定区域内，以下哪些操作可以将当前单元格的上边单元格变为当前单元格？（　　）。

　　A．按 Shift+Enter 键　　　　　　　　B．按↓键

　　C．按 Shift+Tab 键　　　　　　　　　D．按↑键

2．Excel 文档可转化为如下哪些格式？（　　）

　　A．*.DBF　　　　　B．*.TXT　　　　　C．*.HTML　　　　　D．*.DOC

3．以下属于 Excel 标准类型图表的有（　　）。

　　A．柱形图　　　　　B．条形图　　　　　C．雷达图　　　　　D．气泡图

4．Excel 具有自动填充功能，可以自动填充（　　）。

　　A．日期　　　　　B．数字　　　　　C．公式　　　　　D．时间

5．下列哪些方法可把 Excel 文档插入到 Word 文档中？（　　）

　　A．复制　　　　　　　　　　　　　　B．"插入→对象"

　　C．利用剪贴板　　　　　　　　　　　D．不可以

四、问答题

1．试叙述单元格、工作表、工作簿的关系。

2．相对引用与绝对引用有何差别，并说明各自适合的情况。

3．进行序列填充时，是否可以使用负数步长值？

4．如何实现工作表的保护？

5．对数据进行排序时，"有标题行"和"无标题行"的区别是什么？

6．如何让网格线不显示？

第 5 章　PowerPoint 2003 演示文稿

实训 5-1　PowerPoint 的基本操作

一、实训目的

1．掌握演示文稿建立的基本过程和方法。
2．掌握如何输入文字及格式设置。
3．插入图片及添加声音。
4．掌握演示文稿的播放设置。

二、实训内容

制作如图 5-1 所示的演示文稿，进行常规的设置，播放并存盘。

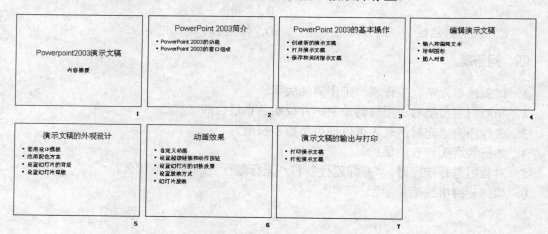

图 5-1　"PowerPoint 2003 演示文稿"

1．录入演示文稿幻灯片文字。
2．设置文本的格式。
3．在幻灯片中插入图片。
4．在幻灯片中插入声音。
5．放映幻灯片。

三、操作指导

1．录入幻灯片文字

选择"插入"→"新幻灯片"菜单命令，这时出现一张空白幻灯片，在标题处输入"PowerPoint 2003 演示文稿"，在副标题处输入"内容提要"，如图 5-2 所示。

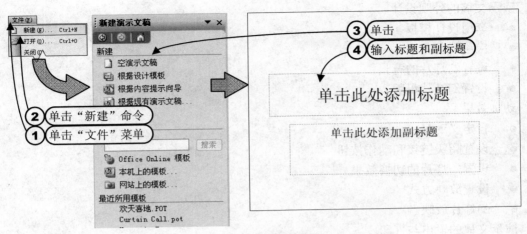

图 5-2　新建演示文稿

选择"插入"→"新幻灯片"菜单命令，这时出现第 2 张空白幻灯片，但与第 1 张不同，包含标题框和内容框，在其中分别输入下列文字，如图 5-3 所示。

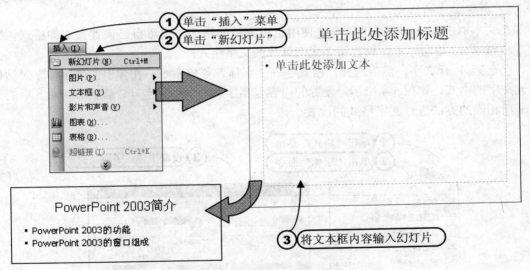

图 5-3　新建演示文稿正文页

同样的方法插入第 2、3、4、5、6、7 张幻灯片，在其中的文本框中依次输入下面文本框中的文字。

PowerPoint 2003 的基本操作

● 创建新的演示文稿
● 打开演示文稿
● 保存和关闭指示文稿

编辑演示文稿

● 输入和编辑文本
● 绘制图形
● 插入对象

演示文稿的外观设计

- 套用设计模板
- 应用配色方案
- 设置幻灯片的背景
- 设置幻灯片母版

动画效果

- 自定义动画
- 设置超级链接和动作按钮
- 设置幻灯片的切换效果
- 设置放映方式
- 幻灯片放映

演示文稿的输出与打印

- 打印演示文稿
- 打包演示文稿

效果应如图 5-1 所示。

2. 设置文本的格式

在文本框中输入的文本可以直接使用已设置好的格式，也可自己设置文本的格式，其设置方法与 Word 相同。下面设置第 2 张幻灯片的文字格式：

选定第 1 行文字，然后选择"格式"→"字体"菜单命令，在弹出的"字体"对话框中设置文字的格式，如图 5-4 所示，设置的内容包括字体、字形、字号、颜色等。对其后的每一行采用相同的方法进行文字格式的设置。

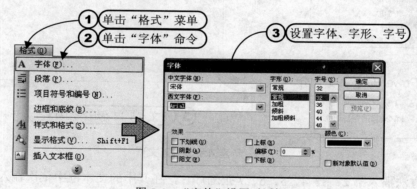

图 5-4　"字体"设置对话框

3. 在幻灯片中插入图片

为了增强演示文稿的效果，可以在幻灯片中插入图片。

插入图片的方法与 Word 类似。在 PowerPoint 窗口左边的窗格中选择第 2 张幻灯片，然后选择"插入"→"图片"→"来自文件"菜单命令，在弹出的"插入图片"对话框中选择要插入的图片。插入后调整图片的大小。插入图片步骤如图 5-5 所示，效果如图 5-6 所示。

4. 在幻灯片中插入声音

在幻灯片中插入声音、视频等多媒体对象，可以制作出声色俱佳的幻灯片效果。

操作步骤如图 5-7 所示。

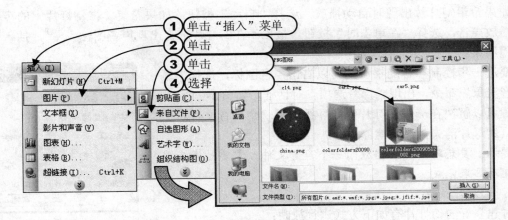

图 5-5　插入图片

图 5-6　效果图

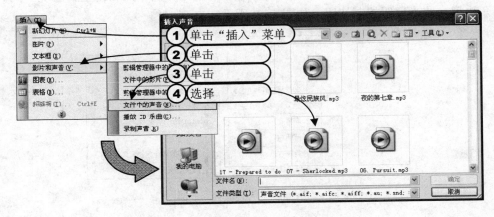

图 5-7　插入声音

　　通过"插入声音"对话框查找所需的声音文件，单击"确定"按钮时，会让你选择声音播放时间，如图 5-8 所示。

图 5-8　播放时间选择

如果希望幻灯片出现时自动播放，选择"自动"按钮；如果希望单击幻灯片上的声音图标再播放声音，选择"在单击时"按钮。最后，在幻灯片上会出现声音图标"🔊"，插入声音的过程结束。

要进一步控制声音的播放，可以右击声音图标，选择"编辑声音对象"命令，出现"声音选项"对话框，如图5-9所示。该设置可以解决在一张幻灯片中循环播放同一个声音文件，但当该页幻灯片消失，声音就停止。

提示：要想跨幻灯片播放同一个声音文件，需要对声音图标设置动画来完成。

5．幻灯片放映

对建立好的幻灯片有如下方式进行放映：

* 单击"视图切换"工具栏中的"幻灯片放映"按钮"🖵"，从当前插入点所在幻灯片开始放映。
* 选择"幻灯片放映"→"观看放映"菜单命令，从第1张幻灯片开始放映。
* 选择"视图"→"幻灯片放映"菜单命令（或按F5键），从第1张幻灯片开始放映。
* 按组合键Shift+F5，从当前插入点所在幻灯片开始放映。

6．幻灯片放映的控制

在放映过程中，如果设置的是手动切换，则每次单击更换一张幻灯片，直到放映到最后一张。中途要结束放映，按Esc键，或者单击鼠标右键，在弹出的快捷菜单中选择"结束放映"命令。

在放映过程中，鼠标光标会自动隐藏，移动一下鼠标，鼠标光标会重新出现，同时在屏幕左下角出现一些半透明控制按钮，如图5-10所示。

图 5-9   声音选项

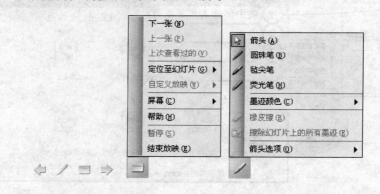

图 5-10   播放控制按钮

其中的左右箭头分别表示进入到上一张幻灯片或下一张幻灯片；按钮形按钮与播放时的右键菜单相同，用于更精确控制幻灯片的播放；指针形按钮用于设置鼠标光标的形状与作用。

可以使用绘图笔，利用该指针在幻灯片上拖动画线或作图，绘制的内容也可以保存在演示文稿中。也可以用"屏幕"子菜单中的"擦除笔迹"命令擦除所写的内容。

要结束放映，可右击幻灯片上任意处，打开放映控制快捷菜单，单击其中的"结束放映"命令或直接按Esc键即可。

四、思考提高

1．如何插入、删除、移动幻灯片？

2．在幻灯片中如何自由地绘制图形？

3．能不能在幻灯片播放过程中播放背景音乐？怎样才能让音乐贯穿整个播放过程中？

4．在幻灯片中怎样插入图表？

五、考核办法

完成实训内容要求的所有作业。创建幻灯片（10 分），包括 7 张幻灯片（10 分），字形字号的设置（20 分），第 2 张幻灯片中插入图片（20 分），在幻灯片中插入声音（20 分），幻灯片的播放（20 分）。

六、学习资源

1．导入文档

如果想在演示文稿中输入的文字已经存在于 Word 文件，就不需要再手工输入一遍。可以在 PowerPoint 中直接打开 Word 文件。也许还需要对导入的文档进行一些格式上的调整，但这肯定比手工输入这些文字要方便得多。如果原来的 Word 文件使用了大纲标题，导入的效果是最好的。

首先在 PowerPoint 中选择"文件"→"打开"菜单命令。在"打开"对话框中，单击"文件类型"右边的下拉箭头，然后选择"所有文件"。双击想要在 PowerPoint 中打开的 Word 文档。

使用"自动调整"按钮。如果在一张幻灯片中出现了太多的文字，可以用"自动调整"功能把文字分割成两张幻灯片。单击文字区域就能够看到区域左侧的"自动调整"按钮（它的形状是上下带有箭头的两条水平线），单击该按钮并从子菜单中选择"拆分两个幻灯片间的文本"命令。

2．输出数据到 Word 文档

有时候需要把演示文稿以文字的形式分发给其他人，此时把演示文稿输出为 Word 文档是最好的方法。

在 PowerPoint 中，选择"文件"→"发送"→Microsoft Office Word 菜单命令。在"发送到 Microsoft Office Word"对话框中选择想要在 Microsoft Word 中使用的版式。比如，可以选择"只使用大纲"来创建仅带有文字的文档；选择"空行在幻灯片旁"则可以创建一系列带有注释行的幻灯片缩略图。在选择好版式之后，单击"确定"按钮把演示文稿发送给 Word。

实训 5-2　幻灯片的设计、动画方案、超链接动作按钮

一、实训目的

1．理解设计模板的概念，会应用设计模板。

2．学会使用幻灯片的母版。

3．学会常用动画的设置。

4．能正确使用超链接技术。

二、实训内容

按图 5-11 设计、美化幻灯片。

1．美化幻灯片，为幻灯片应用"watermark"设计模板。

2．使用母版编辑整个幻灯片。

3．为对象设置动画。

4．设置超链接及动作按钮。

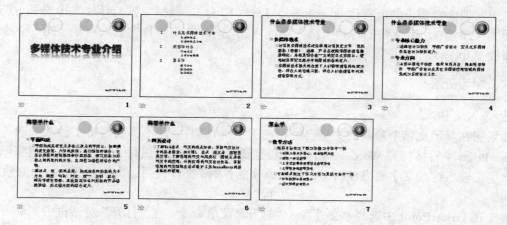

图 5-11　幻灯片设计、动画方案效果图

三、操作指导

1．幻灯片设计

选择"格式"→"幻灯片设计"菜单命令，在窗口右边出现"幻灯片设计"窗格，在"可供使用"模板中查找"watermark"模板，并将该模板应用于所有幻灯片。

操作方法如图 5-12 所示。

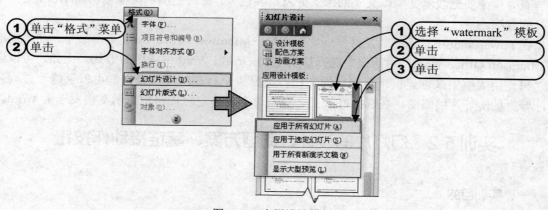

图 5-12　应用设计模板

2．母版的设置

单击"视图"→"母版"→"幻灯片母版"菜单命令，进行母版的设置，如图 5-13 所示。

在母版的右上角插入图片，左下角插入文本框，右下角插入时间与日期，并设置为自动更新。

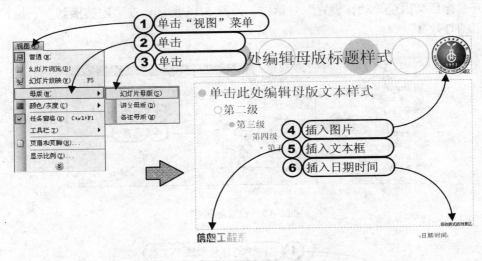

图 5-13　母版设置

3. 动画设置

单击"幻灯片放映"→"自定义动画"菜单命令，将第 2 张幻灯片中的各个对象设置为如图 5-14 所示的动画，设置为"飞入"型，如果想得到更多的选择，可以单击子菜单中的"效果选项"，进行进一步设置。放映效果设置为鼠标单击时开始。

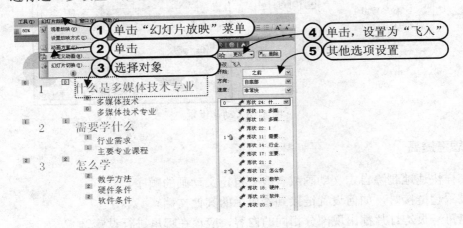

图 5-14　动画设置

4. 设置超链接及动作按钮

选择第 2 张幻灯片，单击"多媒体技术专业"文本框，选择"插入"→"超链接"，这时出现的"插入超链接"对话框如图 5-15 所示。

在该对话框的"链接到"下有四个按钮，分别用来设置：原有文件或网页、本文档中的位置、新建文档、电子邮件地址。单击"本文档中的位置"按钮，将"多媒体技术"链接到第 3 张幻灯片，"多媒体技术专业"链接到第 4 张幻灯片，"需要学什么"链接到第 6 张幻灯片，"怎么学"链接到第 7 张幻灯片。若希望在每一张幻灯片浏览后都可单击动作按钮返回到第 2 张幻灯片，可采用下面的操作。选择要创建动作按钮的第 3 张幻灯片，单击"幻灯片放映"→"动作按钮"菜单命令中的"自定义"动作按钮。在幻灯片的底部拖动鼠标，画出按钮，松开鼠标后会出现"动作设置"对话框，如图 5-16 所示，在"超链接到"下拉式列表框中选择"幻灯片 2"。

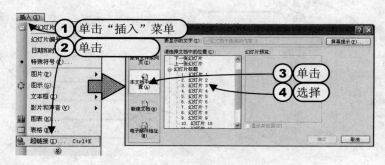

图 5-15　设置超链接

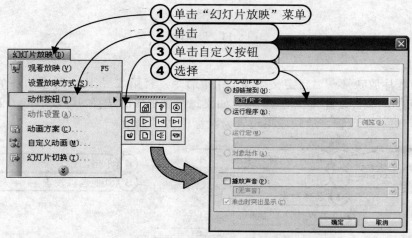

图 5-16　动作设置

四、思考提高

1. 怎样快速地删除自定义动画或者改变自定义动画的顺序？
2. 设置超链接时，如何设置链接到本机上的其他文档？
3. 当每一页幻灯片都出现部分相同的内容，应该在哪里进行设置？

五、考核办法

幻灯片设计模板的应用（20 分），母版的设置（20 分），第 2 张幻灯片各个对象的动画设置（30 分），第 2 张幻灯片各个对象的超链接设置（20 分），第 3 张幻灯片自定义动作按钮链接设置（10 分）。

六、学习资源

利用键盘控制幻灯片的放映。

（1）按 F5 键直接放映做好的幻灯片。

（2）在放映过程中，如果觉得鼠标指针影响演示画面，可以按 A 键或 "=" 键，来隐藏鼠标指针，再按一次则会显示鼠标指针。

（3）在放映过程中，如果需要临时跳到某一张幻灯片，如准备直接跳到第 8 张幻灯片，只需按下数字键 8（最好按键盘上三排字母键上边的那排数字键，不要使用键盘右边的 "数字小键盘"，因为 "数字小键盘" 受 Num Lock 键控制有两种状态，一种是作数字键使用，一种是当光标键使用），然后再按下回车键即可。

（4）在放映过程中，如果中途要结束幻灯片的放映，可以按下键盘左上角的 Esc 键或 "-"（减号）键，也可以先用一只手按住 Ctrl 键，再用另一只手按下数字小键盘附近的 Pause Break 键，最后再把 Ctrl 键放开。

（5）在放映过程中，如果回答听众的提问或者中场休息，可以按下 B 键或 ">" 键（大于号键），把屏幕切入黑屏，再按一次又能恢复原状。

（6）在放映过程中，如果需要临时对演示内容进行圈点和批注，可以先用一只手按住 Ctrl 键，再用另一只手按 P 键，最后把 Ctrl 键放开（这样就转成绘图笔指针），可以按住鼠标左键进行圈点、写字、画画，如果圈点错了，还可以按 E 键擦掉重来，如果想接着演示下边的内容，可以先用一只手按住 Ctrl 键，再用另一只手按 A 键，最后把 Ctrl 键放开（这样就又转成箭头指针）。如果临时要输入几个字或手工画一个简单图形，可以按 W 键或 ","（逗号）键，把屏幕切入 "白板" 状态，再利用前面的方法转换为 "绘图笔指针"，错了也可以用 E 键擦掉重来，最后别忘了再转换成 "箭头指针"。

实训 5-3　幻灯片的切换方式和打包

一、实训目的

1．学会设置幻灯的切换方式。
2．学会打包幻灯片。

二、实训内容

1．设置幻灯片的切换。
2．幻灯片的打包。

三、操作指导

1．幻灯片的切换

打开实训 5-2 所做的幻灯片，单击 "幻灯片放映" → "幻灯片切换" 菜单命令，如图 5-17 所示，将第 1 张幻灯片切换设置为 "水平百叶窗"，速度为中速。第 2 张幻灯片设置为 "新闻快报"，声音设置为 "风铃"。

2．演示文稿的打包

"打包" 工具可以将演示文稿和相应链接的文件、TrueType 字体等及一个 PowerPoint 播放器一起打成一个完整的打包文件，到其他计算机上再自行解包放映。

操作步骤如下：

（1）单击 "文件" → "打包成 CD" 菜单命令，弹出如图 5-18 所示的 "打包成 CD" 对话框。

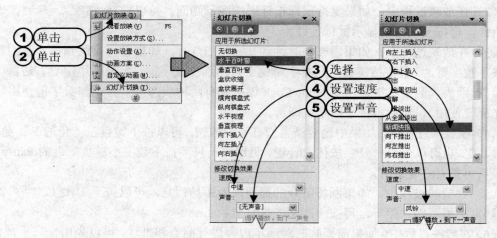

图 5-17　幻灯片切换

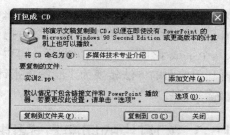

图 5-18　"打包成 CD"对话框

（2）默认情况下将当前演示文稿打包，如要添加其他演示文稿或另外的文件，则通过"添加文件"按钮选择添加即可。

（3）在对话框中单击"选项"按钮。如果使用打包文件的计算机上没有安装 PowerPoint，则必须选定"PowerPoint 播放器"选项。打包文件总是提供给其他用户的，所以"链接的文件"复选框是应该选定的，对于"嵌入 TrueType 字体"复选框可以根据使用打包文件的计算机而定。

（4）单击"复制到文件夹"或"复制到 CD"按钮可将打包文件存放在不同的存储器中。

（5）打开已经打包成 CD 的文件夹，在该文件夹中双击 pptview.exe 可执行文件，在弹出的对话框中，选择需要播放的演示文稿，单击"打开"按钮即可播放。

（6）双击 play.bat 执行文件，自动依次播放打包成 CD 的演示文稿。

四、思考提高

1．幻灯片切换时是否可以每页幻灯片用相同的切换方式？
2．幻灯片切换时，换片的方式可以设置为哪些？

五、考核办法

打开 D 盘的打包成 CD 的"多媒体技术专业介绍"文件夹，执行 pptview.exe 可执行文件（50 分），第 1 张幻灯片切换动作和速度的设置（25 分），第 2 张幻灯片切换动作和声音的设置（25 分）。

附录

全国计算机等级考试一级 MS Office 试题（一）

一、选择题

1. 下列 4 个 4 位十进制数中，属于正确的汉子区位码的是（　　）。

    A. 5601　　　　　　B. 9596　　　　　　C. 9678　　　　　　D. 8799

2. 下列的英文缩写和中文名字的对照中，错误的是（　　）。

    A. CAD——计算机辅助设计　　　　B. CAM——计算机辅助制造

    C. CIMS——计算机继承管理系统　　D. CAI——计算机辅助教育

3. 字长是 CPU 的主要技术性能指标之一，它表示的是（　　）。

    A. CPU 的计算结果的有效数字长度

    B. CPU 一次能处理二进制数据的位数

    C. CPU 能表示的最大的有效数字位数

    D. CPU 能表示的十进制整数的位数

4. Cache 的中文译名是（　　）。

    A. 缓冲器　　　　　　　　　　B. 只读存储器

    C. 高速缓冲存储器　　　　　　D. 可编程只读存储器

5. 已知 a=00101010B 和 b=400，下列关系式成立的是（　　）。

    A. a>b　　　　　B. a=b　　　　　C. a<b　　　　　D. 不能比较

6. 计算机硬件系统主要包括：运算器、存储器、输入设备、输出设备和（　　）。

    A. 控制器　　　　B. 显示器　　　　C. 磁盘驱动器　　　　D. 打印机

7. 根据汉字国标 GB2313-80 的规定，一个汉字的机内码的码长是（　　）。

    A. 8 bits　　　　B. 12 bits　　　　C. 16 bits　　　　D. 24 bits

8. 无符号二进制整数 1011000 转换成十进制数是（　　）。

    A. 76　　　　　　B. 78　　　　　　C. 88　　　　　　D. 90

9. Internet 实现了分布在世界各地的各类网络的互联，其基础和核心的协议是（　　）。

    A. HTTP　　　　B. TCP/IP　　　　C. HTML　　　　D. FTP

10. 计算机网络最突出的优点是（　　）。

    A. 提高可靠性　　　　　　　　B. 提高计算机的存储容量

    C. 运算速度快　　　　　　　　D. 实现资源共享和快速通信

11. 把用高级程序设计语言编写的源程序翻译成目标程序（.OBJ）的程序称为（　　）。

    A. 汇编程序　　　　　　　　　B. 编辑程序

    C. 编译程序　　　　　　　　　D. 解释程序

12. 下列关于计算机病毒的叙述中，正确的是（　　）。

    A. 计算机病毒的特点之一是具有免疫性

    B. 计算机病毒是一种有逻辑错误的小程序

    C. 反病毒软件必须随着新病毒的出现而升级，提高查、杀病毒的功能

    D. 感染过计算机病毒的计算机具有对该病毒的免疫性

13. 十进制数 59 转换成无符号二进制整数是（　　）。

    A. 0111101　　　　B. 0111011　　　　C. 0111110　　　　D. 0111111

14. 在标准 ASCII 码表中，已知英文字母 A 的十进制码值是 65，英文字母 a 的十进制码值是（　　）。

    A. 95　　　　　　B. 96　　　　　　C. 97　　　　　　D. 91

15. 办公自动化（OA）是计算机的一项应用，按计算机应用分类。它属于（　　）。

    A. 科学计算　　　　　　　　B. 辅助设计

    C. 实时控制　　　　　　　　D. 信息处理

16. 对 CD-ROM 可以进行的操作是（　　）。

    A. 读或写　　　　　　　　B. 只能读不能写

    C. 只能写不能读　　　　　D. 能存不能取

17. 下面关于操作系统的叙述中，正确的是（　　）。

    A. 操作系统是计算机软件系统中的核心软件

    B. 操作系统属于应用软件

    C. Windows 是 PC 机唯一的操作系统

    D. 操作系统的五大功能是：启动、打印、显示、文件存取和关机

18. 一个完整的计算机软件应包含（　　）。

    A. 系统软件和应用软件　　　　　　B. 编辑软件和应用软件

    C. 数据库软件和工具软件　　　　　D. 程序、相应数据和文档

19. 下列说法中，正确的是（　　）。

    A. 只要将高级程序语言编写的源程序文件（如 try.c）的扩展名更改为.exe，则它就成为可执行文件了

    B. 当代高级的计算机可以直接执行用高级程序语言编程写的程序

    C. 用高级程序语言编写的程序经过编译和链接后成为可执行程序

    D. 用高级程序语言编写的程序可移植性和可读性都很差

20. 下列设备组中，完全属于外部设备的一组是（　　）。

    A. 激光打印机、移动硬盘、鼠标器

    B. CPU、键盘、显示器

    C. SRAM 内存条，CD-ROM 驱动器，扫描仪

    D. 优盘、内存储器、硬盘

二、汉字录入题

请在"答题"菜单上选择"汉字录入"菜单项，启动汉字录入测试程序，按照题目上的内容输入汉字。

目前患精神障碍病后进行治疗的情况不容乐观。首先患病者未能被及时发现和医治，大多数人从未接受过任何针对精神障碍的医学帮助。即使被确诊仍有相当部分的人没能接受正

规治疗。这势必错失精神障碍的首次治疗时机，延长治疗周期，难以达到满意疗效。要领是早期快速治疗。减少自杀自伤风险。

三、基本操作题

Windows 基本操作题，不限制操作的方式。

******* 本题型共有 5 小题 *******

1．在考生文件夹中分别建立 HUA 和 HUB 两个文件夹。

2．将考生文件夹下 XIAO\GGG 文件夹中的文件 DOCUMENTS.DOC 设置成只读属性。

3．将考生文件夹下 BDF\CAD 文件夹中的文件 AWAY.DBF 移动到考生文件夹下 WAIT 文件夹中。

4．将考生文件夹下 DEL\TV 文件夹中的文件夹 WAVE 复制到考生文件夹下。

5．为考生文件夹下 SCREEN 文件夹中的 PENCEL.BAT 文件建立名为 BAT 的快捷方式，存放在考生文件夹下。

四、Word 操作题

请在"答题"菜单上选择"字处理"命令，然后按照题目要求再打开相应的命令，完成下面的内容。具体要求如下：

在考生文件夹下打开文档 WORD.DOC，其内容如下：

【文档开始】

宾至如归

里根和加拿大总理特鲁多私人关系较好。不过，当里根以美国总统身份第一次访问加拿大时，加拿大的民众并没有给他们的总理面子，而是不断举行反美示威游行。

特鲁多总理感到很难堪，但里根却很洒脱地对他说："这种事情在美国经常发生，我想他们一定是从美国赶到贵国的，他们想使我有一种宾至如归的感觉。"

新天地公司销售二部一季度销售额统计表（单位：万元）

姓名	一月份	二月份	三月份	总计
张玲	300	260	320	
李小亮	255	240	280	
王明星	368	280	300	
赵凯歌	400	300	255	
总计				

【文档结束】

按要求完成以下操作并原名保存：

1．将标题段（"宾至如归"）文字设置为红色四号楷体、居中，并添加绿色边框（"方框"）、黄色底纹。

2．设置正文各段落（"里根和加拿大总理……宾至如归的感觉"）右缩进 1 字符、行距为 1.3 倍；全文分等宽三栏、首字下沉 2 行；第二段首行缩进 2 字符。

3．设置页眉为"小幽默摘自《读者》"，字体为小五号宋体。

4．将文中后 6 行文字转换成一个 6 行 5 列的表格，设置表格居中、表格列宽为 2 厘米、行高为 0.8 厘米、表格中所有文字靠下居中。

5．分别计算表格中每人销售额总计和每月销售额总计。

五、Excel 操作题

请在"答题"菜单下选择"电子表格"菜单项，然后按照题目要求再打开相应的命令，完成下面的内容。具体要求如下：

1．考生文件夹中有名为 EXC.XLS 的 EXCEL 工作表如下：

	A	B	C	D	E
1	企业员工工资情况表				
2	职工号	基本工资	岗位津贴	扣除杂费	税前合计
3	2271	900	1950	69	
4	3619	950	2250	78	
5	8503	1150	3750	93	
6					
7					

将 Sheet1 工作表的 A1:E1 单元格合并为一个单元格，水平对齐方式设置为居中；计算各位员工工资的税前合计（税前合计=基本工资+岗位津贴-扣除杂费），将工作表命名为"员工工资情况表"。

2．打开工作簿文件 EXA.XLS，对工作表"数据库技术成绩单"内数据清单的内容进行分类汇总（提示：分类汇总先按系别降序排序），分类字段为"系别"，汇总方式为"平均值"，汇总项为"总成绩"，汇总结果显示在数据下方，工作表名不变，工作簿名不变。

	A	B	C	D	E	F
1	系别	学号	姓名	考试成绩	实验成绩	总成绩
2	信息	991021	李新	77	16	77.6
3	计算机	992032	王文辉	87	17	86.6
4	自动控制	993023	张磊	75	19	79
5	经济	995034	郝心怡	86	17	85.8
6	信息	991076	王力	91	15	87.8
7	数学	994056	孙英	77	14	75.6
8	自动控制	993021	张在旭	60	14	62
9	计算机	992089	金翔	73	18	76.4
10	计算机	992005	扬海东	90	19	91
11	自动控制	993082	黄立	85	20	88
12	信息	991062	王春晓	78	17	79.4
13	经济	995022	陈松	69	12	67.2
14	数学	994034	姚林	89	15	86.2
15	信息	991025	张雨涵	62	17	66.6
16	自动控制	993026	钱民	66	16	68.8
17	数学	994086	高晓东	78	15	77.4
18	经济	995014	张平	80	18	82
19	自动控制	993053	李英	93	19	93.4
20	数学	994027	黄红	68	20	74.4
21						

六、上网操作题

请在"答题"菜单上选择相应的命令，完成下面的内容：

1．接收来自 bigblue_beijing@yahoo.com 的邮件，并回复该邮件，正文为：信已收到，祝好！

2．打开 http://localhost/myweb/dowmload.htm 页面浏览，找到对 Office 软件的介绍文档的链接，下载保存到考生文件夹下，命名为"OfficeIntro.doc"。

全国计算机等级考试一级 MS Office 试题（二）

一、选择题

1. 第 1 台计算机 ENIAC 在研制过程中采用了哪位科学家的两点改进意见（　　）。
   A．莫克利　　　　　　B．冯·诺依曼　　C．摩尔　　　　　　　D．戈尔斯坦

2. 一个字长为 6 位的无符号二进制数能表示的十进制数值范围是（　　）。
   A．0～64　　　　　　B．1～64　　　　　C．1～63　　　　　　D．0～63

3. 二进制数 111100011 转换成十进制数是（　　）。
   A．480　　　　　　　B．482　　　　　　C．483　　　　　　　D．485

4. 十进制数 54 转换成二进制整数是（　　）。
   A．0110110　　　　　B．0110101　　　　C．0111110　　　　　D．0111100

5. 在标准 ASCII 码表中，已知英文字母 D 的 ASCII 码是 01000100，英文字母 A 的 ASCII 码是（　　）。
   A．01000001　　　　B．01000010　　　　C．01000011　　　　D．01000000

6. 已知汉字"中"的区位码是 5448，则其国标码是（　　）。
   A．7468D　　　　　　B．3630H　　　　　C．6862H　　　　　　D．5650H

7. 一个汉字的 16×16 点阵字形码长度的字节数是（　　）。
   A．16　　　　　　　　B．24　　　　　　　C．32　　　　　　　　D．40

8. 根据汉字国标码 GB 2312-80 的规定，将汉字分为常用汉字（一级）和非常用汉字（二级）两级汉字。一级常用汉字的排列是按（　　）。
   A．偏旁部首　　　　　　　　　　B．汉语拼音字母
   C．笔画多少　　　　　　　　　　D．使用频率多少

9. 下列叙述中，正确的是（　　）。
   A．用高级语言编写的程序称为源程序
   B．计算机能直接识别、执行用汇编语言编写的程序
   C．机器语言编写的程序执行效率最低
   D．不同型号的 CPU 具有相同的机器语言

10. 用来控制、指挥和协调计算机各部件工作的是（　　）。
    A．运算器　　　　　　B．鼠标器　　　　　C．控制器　　　　　　D．存储器

11. 下列关于软件的叙述中，正确的是（　　）。
    A．计算机软件分为系统软件和应用软件两大类
    B．Windows 就是广泛使用的应用软件之一
    C．所谓软件就是程序
    D．软件可以随便复制使用，不用购买

12. 下列叙述中，正确的是（　　）。
    A．字长为 16 位表示这台计算机最大能计算一个 16 位的十进制数
    B．字长为 16 位表示这台计算机的 CPU 一次能处理 16 位二进制数
    C．运算器只能进行算术运算

    D．SRAM 的集成度高于 DRAM

13．把硬盘上的数据传送到计算机内存中去的操作称为（　　）。

    A．读盘   B．写盘

    C．输出   D．存盘

14．通常用 GB、KB、MB 表示存储器容量，三者之间最大的是（　　）。

    A．GB   B．KB

    C．MB   D．三者一样大

15．下面叙述中错误的是（　　）。

    A．移动硬盘的容量比优盘的容量大

    B．移动硬盘和优盘均有重量轻、体积小的特点

    C．闪存（Flash Memory）的特点是断电后还能保持存储的数据不丢失

    D．移动硬盘和硬盘都不易携带

16．显示器的主要技术指标之一是（　　）。

    A．分辨率   B．亮度

    C．彩色   D．对比度

17．计算机的系统总线是计算机各部件间传递信息的公共通道，它分为（　　）。

    A．数据总线和控制总线

    B．地址总线和数据总线

    C．数据总线、控制总线和地址总线

    D．地址总线和控制总线

18．多媒体信息不包括（　　）。

    A．音频、视频   B．声卡、光盘

    C．影像、动画   D．文字、图形

19．调制解调器（Modem）的作用是（　　）。

    A．将数字脉冲信号转换成模拟信号

    B．将模拟信号转换成数字脉冲信号

    C．将数字脉冲信号与模拟信号互相转换

    D．为了上网与打电话两不误

20．用综合业务数字网（又称一线通）接入因特网的优点是上网通话两不误，它的英文缩写是（　　）。

    A．ADSl   B．ISDN

    C．ISP   D．TCP

二、基本操作题

Windows 基本操作题，不限制操作的方式。

＊＊＊＊＊＊＊ 本题型共有 5 小题 ＊＊＊＊＊＊＊

1．在考生文件夹下 HOW 文件夹中创建名为 BMP.TXT 的文件，并设置属性为隐藏。

2．将考生文件夹下 JPG 文件夹中的 PHLK.SA 文件复制到考生文件夹下的 MAXD 文件夹中，文件名为 HF.BAK。

3．为考生文件夹下 PEG 文件夹中的 VALS.EXE 文件建立名为 SAP 的快捷方式，存放在

考生文件夹下。

4．将考生文件夹下 UEPO 文件夹中 CIYL.TT 文件移动到考生文件夹下，并改名为 MICR.DAT。

5．将考生文件夹下 WDNEEE 文件夹中的 CMP.FOR 文件删除。

三、汉字录入题

请在"答题"菜单上选择"汉字录入"菜单项，启动汉字录入测试程序，按照题目上的内容输入汉字。

2006 年 4 月 27 日 6 时 48 分，我国在太原卫星发射中心用"长征四号乙"运载火箭，成功将"遥感卫星一号"送入预定轨道。这次发射升空的"遥感卫星一号"和用于发射卫星的"长征四号乙"运载火箭，以中国航天科技集团公司所属上海航天技术研究院为主，中国科学院、中国电子科技集团、中国空间技术研究院等单位参与研制。

四、Word 操作题

请在"答题"菜单上选择"字处理"命令，然后按照题目要求再打开相应的命令，完成下面的内容。具体要求如下：

1．在考生文件夹下，打开文档 WORD1.DOC，按照要求完成下列操作并以该文件名（WORD1.DOC）保存文档。

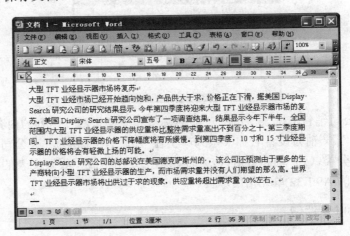

（1）将文中所有错词"业经"替换为"液晶"；将标题段文字（"大型 TFT 液晶显示器市场将复苏"）设置为小三号楷体_GB2312、红色、加粗、居中并添加黄色阴影边框。

（2）将正文各段（"大型 TFT 液晶市场……超出需求量 20％左右。"）的中文文字设置为小四号宋体、英文文字设置为小四号 Arial，各段落左、右各缩进 0.5 字符，首行缩进 2 字符。

（3）将正文第二段（"美国 DisplaySearch 研究公司……轻微上扬的可能。"）分为等宽的两栏，栏宽设置为 18 字符。

2．在考生文件夹下，打开文档 WORD2.DOC，按照要求完成下列操作并以该文件名（WORD2.DOC）保存文档。

（1）在表格的最右边增加一列，列宽 3 厘米，列标题为"总达标人数"；计算一至三月达标的总人数并输入到相应单元格内。

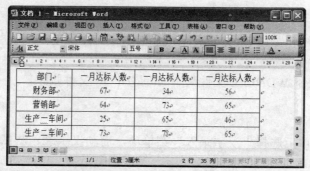

（2）将文档中表格内容的对齐方式设置为靠下两端对齐。

五、Excel 操作题

请在"答题"菜单下选择"电子表格"菜单项，然后按照题目要求再打开相应的命令，完成下面的内容。具体要求如下：

1. 在考生文件夹下打开 EXCEL.XLS 文件，将 Sheet1 工作表的 A1:D1 单元格合并为一个单元格，水平对齐方式设置为居中；计算各种设备的销售额（销售额=单价*数量，单元格格式数字分类为货币，货币符号为￥，小数点位数为 0），计算销售额的总计（单元格格式数字分类为货币，货币符号为￥，小数点位数为 0）；将工作表命名为"某公司销售情况表"。

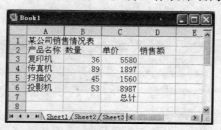

2. 选取"某公司销售情况表"的"产品名称"和"销售额"两列的内容（总计行除外）建立"柱形棱锥图"，x 轴为设备名称（系列产生在"列"），标题为"某公司销售情况图"，不显示图例，网格线分类（x）轴和数值（z）轴显示主要网格线，设置图表的背景墙格为紫色，将图插入到工作表的 A9:E22 单元格区域内。

六、PowerPoint 操作题

打开考生文件夹下的演示文稿 yswg.ppt，按照下列要求完成对此文稿的修饰并保存。

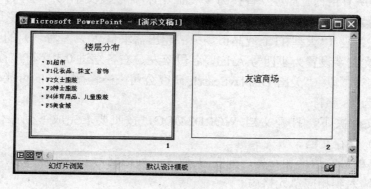

（1）在第 1 张幻灯片前插入一张新幻灯片，版式为"剪贴画与文本"，输入标题为"服务宗旨"，文本部分输入"一切为您，服务用心"，剪贴画部分插入剪贴画"通信"类的"交谈"。剪贴画动画设置为"阶梯状"、"向右上展开"。该幻灯片的背景填充预设为"碧海青天"。

（2）将最后一张幻灯片移动成为第 1 张幻灯片。全部幻灯片放映方式为"观众自行浏览"。

七、上网操作题

某考试网站的主页地址是：HTTP://NCRE/1JKS/INDEX.HTML，打开此主页，浏览"计算机考试"页面，将"NCRE 等级如何构成？"页面内容以文本文件的格式保存到考生文件夹下，命名为"ljswksl5.txt"。

全国计算机等级考试一级 MS Office 试题（三）

一、选择题

1．用 MIPS 为单位来衡量计算机的性能，它指的是计算机的（　　）。
　　A．传输速率　　　　B．存储器容量　　C．字长　　　　　　D．运算速度

2．一种计算机所能识别并能运行的全部指令的集合，称为该种计算机的（　　）。
　　A．程序　　　　　　B．二进制代码　　C．软件　　　　　　D．指令系统

3．以下关于机器语言的描述中，不正确的是（　　）。
　　A．每种型号的计算机都有自己的指令系统，就是机器语言
　　B．机器语言是唯一能被计算机识别的语言
　　C．机器语言可读性强，容易记忆
　　D．机器语言和其他语言相比，执行效率高

4．下列等式中正确的是（　　）。
　　A．1KB=1024×1024B　　　　　　B．1MB=1024B
　　C．1KB=1024MB　　　　　　　　D．1MB=1024×1024B

5．静态 RAM 的特点是（　　）。
　　A．在不断电的条件下，信息在静态 RAM 中保持不变，故而不必定期刷新就能永久保存信息
　　B．在不断电的条件下，信息在静态 RAM 中不能永久无条件保持，必须定期刷新才不致丢失信息
　　C．在静态 RAM 中的信息只能读不能写
　　D．在静态 RAM 中的信息断电后也不会丢失

6．下列字符中，其 ASCII 码值最大的是（　　）。
　　A．5　　　　　　　B．W　　　　　　C．K　　　　　　　　D．x

7．二进制数 11 10001010 转换成十六进制数是（　　）。
　　A．34E　　　　　　B．38A　　　　　C．E45　　　　　　　D．DF5

8．计算机软件分系统软件和应用软件两大类，其中系统软件的核心是（　　）。
　　A．数据库管理系统　　　　　　B．操作系统
　　C．程序语言系统　　　　　　　D．财务管理系统

9. 下列既属于输入设备又属于输出设备的是（　　）。

　　A．软盘片　　　　　B．CD-ROM　　　　C．鼠标器　　　　　D．硬盘

10. 字符比较大小实际是比较它们的 ASCII 码值，下列正确的是（　　）。

　　A．"A" 比 "B" 大　　　　　　　　　　B．"H" 比 "h" 小

　　C．"F" 比 "D" 小　　　　　　　　　　D．"9" 比 "D" 大

11. 将计算机与局域网互联，必须要（　　）。

　　A．网桥　　　　　　B．网关　　　　　　C．网卡　　　　　　D．路由器

12. 用高级程序设计语言编写的程序称为（　　）。

　　A．源程序　　　　　B．应用程序　　　　C．用户程序　　　　D．实用程序

13. 拥有计算机并以拨号方式接入网络的用户需要使用（　　）。

　　A．CD-ROM　　　　B．鼠标　　　　　　C．软盘　　　　　　D．Modem

14. 以下说法错误的是（　　）。

　　A．程序被存放在外存上　　　　　　　B．进程是正在内存中被运行的程序

　　C．线程再细分就是进程了　　　　　　D．传统的应用程序都是单线程的

15. 操作系统管理信息的基本单位是（　　）。

　　A．文件　　　　　　B．程序　　　　　　C．进程　　　　　　D．线程

16. 多媒体计算机处理的信息类型有（　　）。

　　A．文字、数字、图形

　　B．文字、数字、图形、图像、音频、视频

　　C．文字、数字、图形、图像

　　D．文字、图形、图像、动画

17. 下列 4 种软件中，属于系统软件的是（　　）。

　　A．WPS　　　　　　B．Word　　　　　　C．UNIX　　　　　　D．Excel

18. 目前网络传输介质中传输速率最高的是（　　）。

　　A．双绞线　　　　　B．同轴电缆　　　　C．光缆　　　　　　D．电话线

19. 下列各项中，可作为电子邮箱地址的是（　　）。

　　A．L202@263.NET　　　　　　　　　　B．TT202#YAHOO

　　C．A112.256.23.8　　　　　　　　　　D．K201&YAH00.COM.CN

20. 下列叙述中，正确的是（　　）。

　　A．激光打印机属于击打式打印机

　　B．CAI 软件属于系统软件

　　C．就存取速度而言，优盘比硬盘快，硬盘比内存快

　　D．计算机的存储空间可以以 GB 来表示

二、基本操作题

Windows 基本操作题，不限制操作的方式。

＊＊＊＊＊＊＊ 本题型共有 5 小题 ＊＊＊＊＊＊＊

1. 将考生文件夹下 LI\QIAN 文件夹中的文件夹 YANG 复制到考生文件夹下 WNAG 文件夹中。

2. 将考生文件夹下 TIAN 文件夹中的文件 ARJ.EXP 设置成隐藏和存档属性。

3．在考生文件夹下 ZHAO 文件夹中建立一个名为 GIRL 的新文件夹。

4．将考生文件夹下 SHENLKANG 文件夹中的文件 BIAN. ARJ 移动到考生文件夹下 HAN 文件夹中，并改名为 QULIU.BAK。

5．将考生文件夹下 FANG 文件夹删除。

三、汉字录入题

请在"答题"菜单上选择"汉字录入"菜单项，启动汉字录入测试程序，按照题目上的内容输入汉字。

20 世纪 80 年代以来，信息技术的快速发展和广泛应用，引发了一场新的全球性产业革命。信息化是当今世界经济和社会发展的大趋势，信息化水平已成为衡量一个国家和地区现代化水平的重要标志。抓住世界信息技术革命和信息化发展带来的机遇，大力推进国民经济和社会信息化，是我国加快实现工业化和现代化的必然选择。

四、Word 操作题

请在"答题"菜单上选择"字处理"命令，然后按照题目要求再打开相应的命令，完成下面的内容。具体要求如下：

在考生文件夹下，打开文档 WORD1.DOC，按照要求完成下列操作并以该文件名（WORD1.DOC）保存文档。

1．将文中所有错词"ASCII 玛"替换为"ASCII 码"。

2．将标题段文字（"ASCII 码"）设置为三号蓝色宋体（西文使用 Times New Roman 字体）、倾斜、居中，并添加红色阴影边框；

3．将正文各段文字（"计算机中常用……如表 1-2。"）中的中文文字设置为五号宋体、英文文字设置为五号 Arial 字体；各段落首行缩进 2 字符。将第二段文字（"ASCII 码的全称……如表 1-2。"）里"27=128"中"7"设置为上标表示形式。

4．将文中后 9 行文字转换成一个 9 行 2 列的表格；设置表格列宽为 2.6 厘米、表格居中。

5．设置表格中所有文字中部居中；为表格添加"灰色-20%"底纹；设置表格外框线为 2.25 磅蓝色双买线、内框线为 1 磅红色实线。

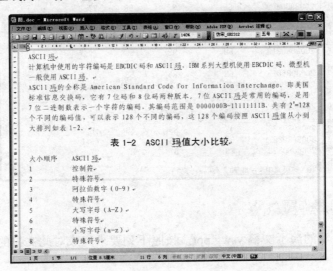

五、Excel 操作题

请在"答题"菜单下选择"电子表格"菜单项，然后按照题目要求再打开相应的命令，完成下面的内容。具体要求如下：

1. 在考生文件夹下打开 EXCEL.XLS 文件，将 Sheet1 工作表的 A1:D1 单元格合并为一个单元格，内容水平居中；计算各年龄人数占总人数比例（所占比例=人数/总计）（百分比型，保留小数点后两位）；按降序次序计算各年龄段的人数排名（利用 RANK 函数，最后一行不计）；将工作表命名为"某企业员工工龄情况表"。

为"年龄"和"所占比例"两列（"总计"行不计）区域数据建立"分离型三维饼图（系列产生在"列"），图标题为"某企业员工工龄情况图"，图例显示在底部，显示百分比，将图插入到表的 A9:Fl9 单元格区域中。

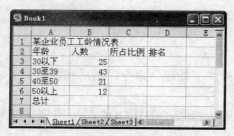

2. 打开工作簿文件 EXC.XLS，对工作表"班级期中考试成绩单"内数据清单的内容进行筛选，条件为"计算机成绩大于 78、平均分大于或等于 69"，保存 EXC.XLS。

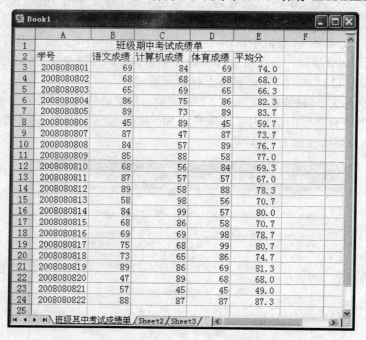

六、PowerPoint 操作题

打开考生文件夹下的演示文稿 yswg.ppt，按照下列要求完成对此文稿的修饰并保存。

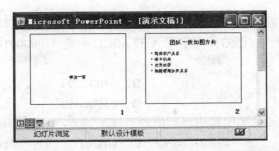

（1）使用"Facling Grid"模板修饰全文，全部幻灯片切换效果为"向右下插入"。

（2）在第 2 张幻灯片前插入一张幻灯片，其版式为"标题，剪贴画与竖排文字"，输入标题文字为"团队信念"，其字体设置为黑体，字号设置成 54 磅。输入垂直文本为"努力销售达到 100 万"，其字体设置为黑体，字号设置成 54 磅，加粗，红色（请用自定义标签的红色 250、绿色 0、蓝色 0）；插入剪贴画"符号"类的"漏斗"，设置剪贴画动画效果为"进入效果—基本型—飞入"、"自左侧"。第三张幻灯片的文本字体设置为楷体_GB2312，字号设置成 28 磅，倾斜。

七、上网操作题

（1）某考试网站的主页地址是：HTTP://NCRE/1JKS/INDEX.HTML，打开此主页，浏览"成人考试"页面，查找"自学考试的毕业证书"页面内容，并将它以文本文件的格式保存到考生文件夹下，命名为"ljswks20.txt"。

（2）接收并阅读由 wanglinlin@mail.ncre8.net 发来的 E-mail，并将随信发来的附件以文件名 ncre8.txt 保存到考生文件夹下。

全国计算机等级考试一级 MS Office 试题（四）

一、选择题

1. 在下列字符中，其中 ASCII 码值最小的一个是（   ）。
   A. 空格字符   B. 9   C. A   、D. a

2. 十进制整数 86 转换成无符号二进制整数是（   ）。
   A. 01011110   B. 01010100   C. 010100101   D. 01010110

3. 随机存储器中，有一种存储器需要周期性补充电荷以保证所存储信息的正确，它称为（   ）。
   A. 静态 RAM（SRAM）   B. 动态 RAM（DRAM）
   C. RAM   D. Cache

4. 下列叙述中，错误的是（   ）。
   A. 把数据从内存传输到硬盘叫写盘
   B. WPS Office 2003 属于系统软件
   C. 把源程序转换为机器语言的目标程序的过程叫编译
   D. 在计算机内部，数据的传输、存储和处理都是用二进制编码

5. 计算机的硬件系统主要包括：运算器、存储器、输入设备、输出设备和（   ）。

　　A．控制器　　　　　B．显示器　　　　C．磁盘驱动器　　　D．打印机

6．在标准 ASCII 码表中，已知英文字母 A 的 ASCII 码是 01000001，则英文字母 E 的 ASCII 码是（　　）。

　　A．01000011　　　　　　　　　　B．01000100

　　C．01000101　　　　　　　　　　D．01000010

7．一个汉字的内码和它的国标码之间的差是（　　）。

　　A．2020H　　　　B．4040H　　　　C．8080H　　　　D．A0A0H

8．下列度量单位中，用来度量计算机外部设备传输率的是（　　）。

　　A．MB/S　　　　B．MIPS　　　　C．GHZ　　　　D．MB

9．根据域名代码规定，表示教育机构网站的域名代码是（　　）。

　　A．.net　　　　B．.com　　　　C．.edu　　　　D．.org

10．根据汉字国标 GB2312-80 的规定，存储一个汉字的内码需要用的字节个数是（　　）。

　　A．4　　　　B．3　　　　C．2　　　　D．1

11．假设某台式计算机的内存储器容量为 256MB，硬盘容量为 40GB，硬盘的容量是内存容量的（　　）。

　　A．200 倍　　　　B．160 倍　　　　C．120 倍　　　　D．100 倍

12．无符号二进制整数 01110101 转换成十进制整数是（　　）。

　　A．113　　　　B．115　　　　C．116　　　　D．117

13．USB1.1 和 USB2.0 的区别之一在于传输率不同，USB1.1 的传输率是（　　）。

　　A．150KB/S　　　　B．12MB/S　　　　C．480MB/S　　　　D．48MB/S

14．现代计算机中采用二进制数制是因为二进制的优点是（　　）。

　　A．代码表示简短，易读

　　B．物理上容易实现且简单可靠，运算规则简单，适合逻辑运算

　　C．容易阅读，不易出错

　　D．只有 0、1 两个符号，容易书写

15．冯·诺依曼在总结研制 ENIAC 计算机时，提出两个重要的改进是（　　）。

　　A．引入 CPU 和内存储器的概念

　　B．采用机器语言和十六进制

　　C．采用二进制和存储程序控制的概念

　　D．采用 ASCII 编码系统

16．微机上广泛使用的 Windows XP 是（　　）。

　　A．多用户多任务操作系统　　　　B．单用户多任务操作系统

　　C．实时操作系统　　　　　　　　D．多用户分时操作系统

17．如果删除一个非零无符号二进制偶整数后的一个 0，则此数的值为原数的（　　）。

　　A．4 倍　　　　B．2 倍　　　　C．1/2　　　　D．1/4

18．CPU 主要性能指标是（　　）。

　　A．字长和时钟主频　　　　　　　B．可靠性

　　C．耗电量和效率　　　　　　　　D．发热量和冷却效率

19．计算机系统软件中最核心、最重要的是（　　）。

　　A．语言处理系统　　　　　　　　B．数据库管理系统

    C．操作系统   D．诊断程序

20．把用高级语言写的程序转换为可执行程序，要经过的过程叫做（   ）。

    A．汇编和解释   B．编辑和链接

    C．编译和链接装配   D．解释和编译

二、汉字录入题

请在"答题"菜单上选择"汉字录入"菜单项，启动汉字录入测试程序，按照题目上的内容输入汉字。

葡萄柚中含有一种天然果胶的特殊营养成分，能降低血液中的胆固醇，是现代人追求健康的理想水果。葡萄籽所含的天然维生素 P，能强化皮肤毛细孔功能，可加速复原受伤的皮肤组织，女性常吃葡萄柚最符合"自然美"的原则。它能抑制食欲，使爱美女性获得优美曲线，因此"葡萄柚减肥法"非常流行。

三、基本操作题

Windows 基本操作题，不限制操作的方式。

1．在考生文件夹中创建名为 DAN.DOC 的文件。

2．删除考生文件夹中 SAME 文件夹中的 MEN 文件夹。

3．将考生文件夹下 APP\BAG 文件夹中的文件 VAR.EXE 设置为只读属性。

4．为考生文件夹下 LAB 文件夹中的 PAB.EXE 文件建立名为 PAB 的快捷方式，存放在考生文件夹下。

5．搜索考生文件夹下的 ABC.XLS 文件，然后将其复制到考生文件夹下的 LAB 文件夹中。

四、Word 操作题

请在"答题"菜单上选择"字处理"命令，然后按照题目要求再打开相应的命令，完成下面的内容。具体要求如下：

在考生文件夹下打开文档 WORD.DOC，其内容如下：

【文档开始】

世界银行公布 2004 年全球 GDP 排名

根据总部设在华盛顿的世界银行公布的最新排名，世界第一经济强国美国 2004 年的国内生产总值近 11.67 万亿美元，遥遥领先于居第二位的日本。中国以 1.65 万亿美元，略微落后于意大利，排名世界第七。

另外，中国香港以 1630 亿美元排名第三十三位，中国澳门以 68 亿美元排名世界第一百一十位。世界银行没有公布中国台湾地区的数据。

分析排名可看出，世界财富的分布极不平均。排名前五十位的国家和地区，有二十三个在欧洲和北美洲，十五个在亚洲，六个在拉丁美洲，四个在非洲，两个在大洋洲。非洲国家大都人口众多，排名靠后。亚洲国家如中国、印度，虽总量排名靠前，但人口分居世界第一、二位，人均国内生产总值依然靠后。

全球去年 40.8 万多亿美元的国内生产总值，有 32.7 万多亿集中于高收入国家，大量人均 GDP 在 800 美元以下的低收入国家只创造了 1.2 万多亿美元的国内生产总值。

2004 年世界 GDP 前 10 名排行榜

国名	GDP（亿美元）	人均 GDP 名次	人均 GDP（美元）
美国	116675	4	37610
日本	46234	5	34510
德国	27144	16	25250
英国	21409	9	28350
法国	20026	17	24770
意大利	16723	20	21560
中国	16493	109	1100
西班牙	9914	22	16990
加拿大	9798	18	23930
印度	6919	134	530

【文档结束】

按要求完成以下操作并原名保存：

1．将标题段（"世界银行公布 2004 年全球 GDP 排名"）文字设置为三号蓝色阳文黑体、加黄色底纹。

2．将正文各段落（"根据总部设在……国内生产总值。"）中的中文文字设置为 5 号宋体、西文文字设置为 5 号 Arial 字体；将正文第一段（"根据总部设在……排名世界第七。"）首字下沉 2 行（距正文 0.2 厘米），其余各段落（"另外，……国内生产总值。"）首行缩进 2 字符。

3．在页面底端（页脚）居中位置插入页码，并设置起始页码为"II"．

4．将文中后 11 行转换为一个 11 行 4 列的表格：设置表格居中，表格第一列列宽为 2 厘米，其余各列列宽为 3 厘米、行高为 0.7 厘米，表格中所有文字中部居中。

5．设置表格外框线为 0.5 磅蓝色双窄线、内框线为 0.5 磅蓝色单实线；按"人均 GDP（美元）"列（依据"数字"类型）降序排列表格内容。

五、Excel 操作题

请在"答题"菜单下选择"电子表格"菜单项，然后按照题目要求再打开相应的命令，完成下面的内容。具体要求如下：

1．在考生文件夹下打开 EXCEL.XLS 文件，将 Sheet1 工作表的 A1:E1 单元格合并为一个单元格，内容水平居中；计算乘车时间（乘车时间=到站时间-开车时间），将 A2:E6 区域的底纹颜色设置为红色，底纹图案类型和颜色分别设置为 6.25%灰色和黄色，将工作表命名为"列车时刻表"，保存 EXCEL.XLS 文件。

	A	B	C	D	E
1	某车站列车时刻表				
2	车次	到站	开车时间	到站时间	乘车时间
3	A110	甲地	8:15	12:26	
4	A111	乙地	9:06	11:57	
5	B210	丙地	9:28	15:05	
6	B221	丁地	12:39	19:52	

2．打开工作簿文件 EXC.XLS，对工作表"计算机专业成绩单"内数据清单的内容进行自

动筛选，条件为数据库原理、操作系统、体系结构三门课程均大于或等于 75 分，对筛选后的内容按主要关键字"平均成绩"的递减次序和次要关键字"班级"的递增次序进行排序，保存 EXC.XLS 文件。

	A	B	C	D	E	F	G
1	学号	姓名	班级	数据库原理	操作系统	体系结构	平均成绩
2	011021	李新	1班	78	69	95	80.67
3	011022	王文辉	1班	70	67	73	70.00
4	011023	张磊	1班	67	78	65	70.00
5	011024	郝心怡	1班	82	73	87	80.67
6	011025	王力	1班	89	90	63	80.67
7	011026	孙英	1班	66	82	52	66.67
8	011027	张在旭	1班	50	69	80	66.33
9	011028	金翔	1班	91	75	77	81.00
10	011029	扬海东	1班	68	80	71	73.00
11	011030	黄立	1班	77	53	84	71.33
12	012011	王春晓	2班	95	87	78	86.67
13	012012	陈松	2班	73	68	70	70.33
14	012013	姚林	2班	65	76	67	69.33
15	012014	张雨涵	2班	87	54	82	74.33
16	012015	钱民	2班	63	82	89	78.00
17	012016	高晓东	2班	52	91	66	69.67
18	012017	张平	2班	80	78	50	69.33
19	012018	李英	2班	77	66	91	78.00
20	012019	黄红	2班	71	76	68	71.67
21	012020	李新	2班	84	82	77	81.00
22	013003	张磊	3班	68	73	69	70.00
23	013004	王力	3班	75	65	67	69.00
24	013005	张在旭	3班	52	87	78	72.33
25	013006	扬海东	3班	86	63	73	74.00
26	013007	陈松	3班	94	81	90	88.33
27	013008	张雨涵	3班	78	80	82	80.00
28	013009	高晓东	3班	66	77	69	70.67
29	013010	李英	3班	76	51	75	67.33

六、上网操作题

请在"答题"菜单上选择相应的命令，完成下面的内容：

1. 给李老师发邮件，以附件的方式发送报名参加网络兴趣小组的学生名单。

李老师的 E-mail 地址是：jason_li@soho.com

主题是：网络兴趣小组名单

正文内容为：李老师，您好！附件里是报名参加网络兴趣小组的同学名单和 E-mail 联系方式，请查收。

将考生文件夹下的"group.xls"添加到邮件附件中，发送。

2. 打开 http://localhost/myweb/car.htm 页面，找到名为"奔驰 C 级"的汽车照片，将该照片保存至考生文件夹下，重命名为"奔驰.jpg"。

参考文献

[1] 计算机应用基础实训教程. 王磊，宫小飞. 北京：高等教育出版社，2010.
[2] 计算机应用基础项目化教程. 黄林国，李欢. 北京：高等教育出版社，2010.
[3] 计算机应用基础. 曾东海，陈君梅. 北京：清华大学出版社，2009.
[4] 计算机应用基础教程（第 2 版）. 许洪杰，李志玲，郑敏. 北京：清华大学出版社，2010.
[5] 计算机基础与应用. 陈典全，薛洲恩. 北京：科学出版社，2012.
[6] 计算机应用基础. 刘升贵，黄敏，庄强兵. 北京：机械工业出版社，2010.